KB125813

가르친다는 것 01

발도르프학교

수학 수업

수학적 센스는
어떻게 자라는가

가르친다는 것 01

발도르프학교 수학 수업
수학적 센스는 어떻게 자라는가

1쇄 | 2021년 3월 19일
2쇄 | 2022년 8월 26일

지은이 | 김진형

편집인 | 유은영
기획 | 대안교육연대 교육과정연구위원회
편집 | 정미영
디자인 | 석화린
마케팅 | 홍석근

펴낸곳 | 천개의 정원
주 소 | 경기도 고양시 덕양구 중앙로558번길 16-16. 705호
전 화 | 02-706-1970 팩 스 | 02-706-1971
전자우편 | commonlifebooks@gmail.com

ISBN 979-11-6023-271-4 (03410)

* 〈천개의 정원〉은 도서출판 평사리의 교육 브랜드입니다.

발도르프학교

수학
수업

수학적 센스는
어떻게 자라는가

김진형 지음

가르친다는 것 01

25년을 반성하며,
여기 대안교육과정이 오고 있다

대안교육은 지난 25년 동안 철학에 비해 교육과정은 그다지 주목을 받지 못했다. 그렇지만 학교 현장을 실질적으로 지배하는 것은 철학이 아니라 교육과정이다. 교육과정은 우리의 실력이며, 대안교육은 교육과정의 수준을 넘어설 수 없다. 아이들과 학부모들에게는 철학보다는 교육과정이 더 가깝게 느껴질 수밖에 없다. 부모들은 학교를 선택할 때 교육과정을 보고 판단하며, 아이들은 매학기 매일매일 수업, 상담, 놀이와 여행, 공동체 회의 등 교육과정을 통해서 몸과 마음과 영혼이 성장하고 때론 힘들어한다.

　25년의 풍화작용을 거치면서 철학은 쉽게 바뀌지 않지만, 교육과정은 바뀌지 않으면 안 되었다. 우리 사회가 바뀌었고 아이들과 학부모와 교사들이 바뀌었는데,

교육과정이 바뀌지 않으면 그게 이상한 일일 것이다. 25년 전 대안교육을 시작할 무렵은 우리가 시대를 앞섰지만 언제부턴가 시대에 뒤떨어졌다. 이제 변화는 생존과 발전을 위한 선택이 아니라 필수며, 안주하는 건 대안이 아니다.

대안교육철학 혹은 학교철학이 머리 내지 정신이라면 교육과정은 몸, 즉 손과 발이라고 할 수 있다. 다소 관념적인 교육철학이 물리적 실체로 현실에 나타나는 것이 교육과정이다. 그동안 대안학교에서 정신이 우위를 점했거나, 아니면 정신과 몸이 따로 놀았다. 학교철학과 교육과정이 합치하지 못한 경우도 있었다.

대안교육은 25년 동안 많은 교육 활동을 했지만 내부적으로 '창조적 축적'을 하지 못했다. 창조적 축적이란 대안교육이라는 새로운 교육을 창조하고 운영하는 과정에서 쌓이는 다양한 성공 혹은 실패의 경험 사례를 소중한 유산으로 축적하는 것을 말하는데, 이것을 못한 것이다. 특히 실패와 어려움 앞에서 주눅만 들었지 이것을 소중한 경험으로 승화시키는 긍정적 에너지가 부족했다. 교사가 떠나면 교육과정도, 성과도, 경험도 사라졌다. 연속성을 놓친 것이다. 시행착오의 경험을 내부 역량으로 승화시킬 여유가 없었다. 오랜 기간 시행착오를 축적해야 얻을 수 있는 '축적된 시행착오'가 얼마나 중요한 역량인지 미처 몰랐다. 시행착오의 창조적 축적을 통한 교육과정의 재구성, 오직 이것만이 대안교육의 제2의 도약을 보장할 것이다.

대외적으로는 25년 동안 우리의 활동과 특히 교육과정을 정직하게 알리지 않은 것은 실수였다. 보통의 국민들이 대안교육에 대해서 잘 모른다는 것은 교육과정에 대해서 잘 모르겠다는 뜻이다. 세상에 알리는 작업을 소홀히 하고 세상이 우리를 몰라준다고 한탄만 한 건 아닌지 반성한다. 세상과 소통하려는 노력이 부족했고 불친절했다. 지역사회와 함께한다고 했지만 그들의 언어가 아니라 우리들의 언어를 앞세웠다. 심지어 대안학교 내부에서도 성과를 나누고 공유하지 못했다.

다행히 몇 년 전부터 학교마다 시즌2를 모색하면서 교육과정을 분석하고 재검토하는 움직임이 활발하게 일어났다. 이에 발맞추어 2019년부터 '대안교육연대'에서는 이런 요구와 흐름을 하나로 모아서 좀 더 체계적으로 연구하기로 했으며, 그 결실이 2020년 상설적인 '교육과정연구위원회'로 나타났다. 지난 2년 동안 1기를 운영했으며, 2021년부터 2기를 운영하기로 했다.

미래형 교육과정을 모색하기 전에 먼저 우리들이 약

간 잘하는 것을 모으기로 했고, 이제 첫 성과물로 이 책들을 세상에 내놓는다. 교육 내용은 수학 수업, 우리 말과 글, 융합수업, 프로젝트학습 네 개의 수업 모형이 그것이다. 대안교육이 잘한 것이 적지 않은데, 드러내 공유하지를 못했다. 누구는 잘 못한 것도 보기 좋게 포장해서 홍보를 하는데, 우리는 너무 겸손해서 그런지 잘한 것도 제대로 알리지 못했다. 이 결과물은 절대적인 기준에 의한 것이 아니라 상대적인 기준에 의한 것이라는 점을 다시 한번 말씀드린다.

무려 25년 만에 오랫동안 미루어 온 숙제 하나를 해낸 기분이다. 늦어도 너무 늦었다. 뿌듯하기보다는 죄송하다는 기분이 앞선다. 반성한다. 아직 갈 길이 멀고 이제 시작이다. 대안에너지, 전환 교육과 생활 기술 교육, 여행, 공동체 회의, 학부모 교육 등 아직 자랑할 것이 남아 있다. 이번에는 '그 다음' 앞에서 주저앉지 않으려고 한다. 앞으로 계속될 2기 활동에 기대를 걸어야 하는 이유다.

코로나19는 새로운 도전이다. 코로나 바이러스와 함께 살아가야 할 미래는 어떤 모습일까? 미래가 두려운 이유는 잘 모르기 때문이며 불확실하기 때문인데, 불안해하면 그 사람이 지는 거다. 누구에게나 조건이 똑같다는 점을 상기해야 한다. 두려워하지 말고 담대하게 이 도전을 기회로 바꾸는 도약대로 삼아야 한다. 다음 단계 앞에서 주저하지 말아야 한다. 이때 교육과정에 대한 연구는 대안교육의 비전과 자신감에 분명 도움을 줄 것이다. 대안교육의 희망은 교육과정에 있다.

지난 시간 함께 연구해 온 일곱 명의 선생님들에게 감사와 경의를 표한다. 대안교육 도약의 사명을 안고 역대급 선생님들이 모여서 지난 2년 동안 교육과정연구위원회에서 활동한 경험은 모두에게 특별한 기억으로 남았을 것이다. 수도권과 충청권에 흩어져서 아이들과 만나면서도 바쁜 시간을 쪼개서 교육과정을 논하고, 대안교육의 전망을 찾아보고, 서로를 응원하며 토론한 모든 과정이 벌써 그리워진다. 무엇보다도 서로 믿고 의존하는 연구공동체로서의 정체성에서 오는 정신적인 희열이 컸다고 믿고 있다. 선생님들의 큰 성장으로 작은 보답이 되기를 바라 본다.

그동안 4차에 걸친 〈대안교육과정 현장대토론회〉에서 발표를 해 주고 지대한 관심을 갖고 참석해 준 모든 선생님들께 감사를 드린다. 또 교육과정에 관한 자료를 보내 주신 많은 현장에도 역시 감사를 드린다. 그리고 바쁘신 중에도 옥고를 보내 주신 교육과정위원회 위원장 금산간디고등학교 민태설 선생님을 비롯해서 과천 맑은샘학교 전정일 교장선생님, 푸른숲발도르프학교 김진형 선생님, 제천간디학교 이병곤 교장선생님, 불이학교 최성옥 선생님과 특별히 대안교육연대 유은영 사무국장님, 이홍우 선생님께 이 자리를 빌어서 감사를 드린다.

마지막으로 앞으로 계속 나오게 될 대안교육과정 선집 시리즈 〈가르친다는 것〉을 맡아서 출판해 주시기로 결정한 평사리 출판사에 모든 대안학교 구성원들의 마음을 모아 깊은 감사의 말씀을 전한다.

불이학교 이철국

차례

일러두기

* 이 책에서 대화 글은 교사가 한 말과 학생이 한 말을 구분하기 위해 교사의 것을 반말로 적었다. 실제 수업에서 교사들은 대부분 존댓말을 한다.
* 책에 실린 이미지는 주로 아이들의 공책에서 가져왔다. 발도르프학교는 교과서로서 교재가 없고, 주제에 맞는 자료와 활동을 교사가 구성해 수업한다. 아이들은 수업 내용을 직접 공책에 정리해 자신의 결과물로 간직한다.
* 발도르프학교에서 주기집중수업은 담임 과정인 1학년부터 8학년까지는 담임 교사가 직접 진행하지만, 경우에 따라 과목 교사가 맡는다. 이 책은 필자가 담임일 때의 경험과 수학 과목을 가르치는 현재의 경험을 토대로 했고, 저학년을 다룬 글은 멘토링이나 수업 나눔에서 수집한 내용이다.
* 이 책에 소개하는 수학 수업은 담임 과정의 내용이다.

나는 수학 교사다

1.

누구나 익숙지 않은 순간이 있다. 교사인 내게는 새 학기 첫 수업이 그렇다. 특히 6학년 학생들을 처음 만날 때 긴장된다. 그들도 마찬가지다. 수학 과목 교사인 나를 처음 만나기 때문이다.

'하나'를 '1'로 쓰는 법을 알려주었던 담임 선생님[*]의 익숙한 손길을 떠나서, 과목 교사[**] 그것도 수학이라는

---

[*] 푸른숲발도르프학교는 1학년부터 영어, 중국어, 수공예 수업을 전문 과목 교사가 맡고 있다. 4학년이 되면 목공예와 체육 수업을, 5학년에서 미술과 음악, 연극 수업으로 전문 과목 교사의 수업이 확대된다. 수학은 6학년에서 전문 과목 교사인 내가 맡는다.

[**] 일반적으로 발도르프학교는 12년제 통합 학교다. 담임 과정 8년, 상급 과정 4년으로 구성된다. 한 학년에 한 학급만 있으며 한 담임이 1학년부터 그 학급을 8년간 맡는다. 이는 8년이 한 담임이라는 의미보다 교육의 연속성과 아이들의 관계에 더 중요한 방점이 있다. 한 학급으로 8년간 지내는 것은 교사나 아이들뿐 아니라 학부모에게도 큰 모험이다. 하지만 배움을 시작하며 만난 이들과 사춘기 시절까지 함께하면 서로를 잘 알게 될 뿐만 아니라 함께 살아가는 법을 터득하게 된다. 슈타이너는 교육을 매개로 또 하나의 공동체를 이렇게 이루고자 했다. 담임 과정을 마치면 상급 과정으로 진급하고 이때는 지도 교사가 학급을 맡아서 졸업까지 함께한다. 주기집중수업은 뒤에 다시 언급해 두었다.

악명 드높은 과목의 교사를 만나는 일이라니. 더군다나 어린 후배들을 잔뜩 겁주는 게 선배 나름의 역할로 여겼는지, '수학 샘은 무시무시하다'는 갖가지 괴담이 돌아다녔다. 소문을 들은 나 역시 기대에 부응하여 어떤 첫 만남을 만들지 고민하지 않을 수 없다.

2020년, 코로나로 인해 오랜 휴교 기간을 지나 6월에야 만난 6학년 학생들에게 '어떤 첫 만남을 선사할까'를 생각하다 다음과 같은 질문을 던졌다.

13	8

"두 수 중 어느 것이 클까?"

"……?"

맑은 눈망울로 잔뜩 긴장한 채, 물음표를 얼굴 가득 담은 채, 침묵……. 무슨 상황인지 파악이 안 되는 아이들 중 용기 있는 녀석들이 끝을 흐리며 답했다.

"십…… 삼…… 이…… 요…….."

"그래, 너는 13이 크다고 말하는구나. 알았어요. 그런데 왜 13이 크다고 생각했을까? 채송화 씨앗 열세 개를 모아 놓고 수박 여덟 개랑 비교하면 어느 게 크지?"

"그러면 수박이 크죠. 엥? 그게 아니라…… 수박끼리

비교해 보세요. 13개랑 8개랑 보면 13개가 더 많으니까, 같은 것끼리 8이랑 13을 비교하면 13이 커요."

"굿 아이디어. 더 이상 할 말이 없네. 대단한 걸. 그런데 '많다'라는 건 또 뭘까?"

"선생님, 너무하세요."

수 체계에 의하면 두 수를 빼서 그 값이 양수면 앞의 수가 큰 거다. 이걸 아이들이 말할 리가 없으니 내 맘대로 딴지를 건 거였다. 그래도 혹시 누가 그렇게 대답했다면 '그것이 수학'이라고 멋지게 마무리할 작정이었다.

다시 혼란에 빠뜨리는 질문을 했다.

13   8

"어느 수가 큰 수일까?"

그리고 내친김에 한 가지 더 물어보았다.

빨간색   파란색

"어느 게 빨간색이지?"

순간 교실에서 아이들의 웃음이 마치 채송화 씨앗 쏟아지듯 까르르 쏟아졌다.

이렇게 시작한 첫 수업이 어느새 두 달이 지나 곧 방학을 맞는다. 오늘 아이들은 "여덟 명이 잘 수 있는 방에 여섯 명이 자는 것과, 다섯 명이 잘 수 있는 방에 세 명이 자는 것, 어느 쪽이 더 복잡하게 느낄까?"라는 질문으로 또 고문을 당했다.

"둘 다 두 명 자리가 비는데 똑같지 않나요?"라는 대답이 나왔다. 그래서 다시 질문했다.

"백 명이 잘 수 있는 방에 구십구 명이 자는 것과, 두 명이 잘 수 있는 방에 한 명이 잔다면 그걸 똑같이 느낄까? 한 자리씩 비는 건 마찬가지니까."

평소 매우 지적인 언어를 쓰는 아이가 답했다.

"다르네요. 밀도차가 많이 나는 걸요."

"…… 밀도가 뭐래?"

2.

첫 만남에서 수학이 그리 만만치는 않으나 뭔가 할 만한 것이라는 인상을 받았다고 하더라도 그들에게 수업은 매일매일이 자신과의 싸움이다. 당연히 지금 여기서 '수학'을 공부해야 하는 이유를 학생들이 납득하기는 쉽지 않다. '수학을 쉽고 재미있게 공부하는 방법은 없을까?' 온몸으로 이 질문을 표현하는 아이들을 보며 나 역시 스

스로 되묻는다. '이 아이들이 수학을 꼭 배워야 하나?'

뉴턴 이후 '자연 철학'은 보편적인 사유의 방법을 고민하는 범주에서 벗어나면서 몇몇 연구자 집단의 전유물이 되었다는 지적이 있다. '자연 과학'으로 분류되는 이 학문은 상당한 지적 수준을 가진 이들도 접근이 불가할 만큼 생소한 개념어를 쓰고 높은 차원의 사유를 다룬다. 그래서 대중성을 잃었다고 한다.

그런데 수학은 뉴턴 이전에도 특정 계급에서 계급으로 전해 내려오던 비법 같은 것이었다. 알고 보면 고대로부터 '수학'은 대중적 영역이 아니었다. 기원전 3세기경 유클리드Euclid Alexandreiae가 "수학에는 왕도가 없다."고 단언한 일화'는 '수학이 그만큼 어렵고 왕도 피해 갈 수 없다'는 의미이지만, 그 전에 이 학문이 어느 계급의 전유물이었는지를 알게 한다. 이 일화의 주인공인 '프톨레마이오스 1세Klaudios Ptolemaios'는 '알렉산더 대왕Alexandros the Great'과 함께 제국을 세우고 이집트에서 프톨레마이오스 왕조의 시조가 된 이다. 이렇게 한

---

* 기원전 3세기경 당시 프톨레마이오스 1세가 스승인 유클리드에게 '좀 더 쉽게 수학을 이해할 방법'을 물었을 때, 유클리드는 이렇게 대답했다고 한다. "로마 제국 어디에나 황제께서 다니시는 길이 있습니다. 그 길로 황제께서는 이 세상 누구보다 쉽고 빨리 다니실 수 있지요. 황제만을 위한 길이니까요. 하지만 수학에는 왕도(royal road)가 따로 없습니다."

그림1. 린드 파피루스. 폭 0.33m, 길이 5.5m 두루마리. 작성 연대는 기원전 1550년경. 분수와 일차방정식, 거듭제곱과 원의 넓이 등 실생활에 적용할 수 있는 수학 문제들로 모두 87개가 적혀 있다. 작성자의 이름을 따서 아메스 파피루스Ahmes papyrus라고도 한다. 아메스는 기존의 파피루스에 있던 내용을 보고 정리한 것이라고 밝혔으니, 이전에도 이미 수학적 발전이 있었음을 알 수 있다. (대영박물관 소장)

국가의 최고 통치자가 당대 최고의 학자에게 배우는 주제가 '수학'이었던 것이다.

'린드 파피루스(그림1)'는 인류 문명에서 수학이 얼마나 큰 역할을 했는지를 보여 주는 최적의 사례다. '린드 파피루스'를 소개하는 글의 대부분에서 고대 이집트는 대규모 토목 사업과 집단 농업이 발달했고 이를 유지하는 데 수학이 필수적이었다고 설명한다. 그리고 '수학이 삶과 밀접하다'는 결론으로 끝맺는다.

'린드 파피루스'는 읽기와 쓰기 그리고 계산하는 능력을 갖춘 당대 최고의 지식인들만이 이용할 수 있었다고 한다. 이 문서를 작성한 '아메스'도 수와 부호를 다룰 수 있도록 고도로 훈련을 받은 서기관이었다. 서기의 자식들도 엄한 교사의 처벌을 감수하며 서기가 되기 위한 교육을 받았고 그 덕에 고된 노동에서 벗어나 관리직을 이을 수 있었다.

이렇듯 목적 있는 사람만 공부하면 되는데, 학생들이 모두 다 수학을 배워야 할 이유는 무엇일까? 수학이 필요하다는 전제가 옳다고 하더라도 이 질문에 답하지 못한다면, 더 이상 '수포자(수학을 포기한 자)'를 배양하지 말고 학교는 수학 과목을 빼거나 선택 과목 정도로 부담을 줄여야 한다.

3.

'수는 인간이 사고하려고 만든 신체의 일부'라는 관점에서 《수학하는 신체》를 쓴 모리타 마사오는 2019년 2월 경남 창원 수학문화원에서 열린 아이들을 위한 수학 연주회에서 이렇게 말했다.

"수학을 쉽게 알려고 하지 마세요."

동감이다. 아이들은 수를 가지고 놀기를 좋아하지만 기초적인 연산을 익히려 해도 땀을 꽤나 흘려야 한다. 이런 어려움은 학교 수학의 내용을 줄이거나 방법론을 바꾼다고 해소되지 않는다. 수학은 그 자체로 이미 어렵기 때문이다.

나는 이 현상이 수학이 가진 영역의 특성에서 온다고 본다. 수학은 구체적인 사물에서 출발해 물질계를 점점 벗어나는 학문이기 때문이다. 실제로 '1'이라는 물질은 존재하지 않으나 우리는 1이라는 보편성에 의심치 않는다. 하늘에 있는 해와 나 자신을 1이라는 공통점으로 대응시킬 수 있다는 것은 구체적인 사물의 속성을 제거하는 고도의 사고 행위다.

'앞서 13과 8 중 어느 것이 큰 수인가?'라는 질문에 대답하려면 그 사물의 구체적인 속성—작디작은 채송화 씨앗인지, 커다랗고 먹음직스러운 수박인지—을 지워

야 한다. 이 단계가 더 발전하면 숫자 자체를 제거해야
한다.

(질문1) 아래의 덧셈에서 발견할 수 있는 공통의 규칙
은 무엇일까?

$$3 + 5 = 8 \qquad 7 + 9 = 16$$

(질문2) 아래의 덧셈에서 발견할 수 있는 공통의 규칙
은 무엇일까?

$$3 + 5 = 8 \qquad 7 + 9 = 16 \qquad 11 + 12 = 23$$

질문1을 보자. 각 숫자나 덧셈의 결과가 8이나 16이
라는 점에 집중하면 규칙을 찾을 수 없다. 그러나 3이나
5, 7, 9가 홀수이고 8과 16이 짝수라는 점을 눈여겨보면
'홀수와 홀수를 더하면 짝수'라는 결론에 이를 수 있다.

그렇다면 질문2에서 찾을 수 있는 규칙은? '홀수와
홀수를 더하면 짝수가 되는데 홀수인 11과 짝수인 12를
더하면 23이라는 홀수가 된다'는 점이다. 여기서 우리
는 홀수끼리 더하면 짝수가 나오지만 홀수와 짝수를 더
하면 홀수가 나온다는 규칙을 알 수 있다. 이제 남은 경
우인, 짝수끼리 더한 결과를 찾기 위해 질문을 하나 더

만들 수 있겠다.

$$14 + \triangle = \bigcirc$$

이를 위해 알고 있는 많은 짝수 중에 △와 ○에 들어갈 두 개의 수를 '아무거나' 고르면 된다.

다시 식을 보며 3, 5, 7 등의 구체적인 수가 아닌 홀수와 짝수로 구분되는 마법에 걸리시길.

$$3 + 5 = 8 \qquad 7 + 9 = 16 \qquad 11 + 12 = 23$$

이렇듯 구체성을 포기하면 훨씬 자유롭다. 다만 규칙을 이해하고 있어야 한다. 규칙이라는 단서로 사물이나 그 관계를 추상화시키며 외피를 거듭해서 걷어 내다 보면 어느 순간 근원이 드러난다.

마찬가지로 100인실에 들어간 아흔아홉 명과 2인실에 있는 한 명을 다시 떠올려 보자. 이때 주어진 방의 크기나 남겨진 침대 한 개를 떠올릴 게 아니라 100과 1의 비율 그리고 2와 1의 비율에 주목하면, 이 두 경우에서 1이 의미하는 바가 다르다는 것을 이해할 수 있다. 보통은 채송화 씨앗 한 개와 수박 한 개를 똑같은 1로 표현한다. 그런데 똑같은 한 사람의 몫을 이번에는 왜 다르다고 하는가?

이 질문에 답하려면 비와 비율에 대한 감각이 필요하다. 기준이 되는 100과 2를 같은 값으로 봐야 실제 비를 이해할 수 있다. 우리가 $\frac{1}{100}$과 $\frac{1}{2}$을 보고 어느 쪽이 큰 수인지 쉽게 알게 된 것은 오랫동안 훈련해 온 추상화 능력 덕분이다. 이렇게 대상의 물성을 제거하고 관계의 본질을 알아채기까지는 상당한 의지와 노력이 필요하다.

수학이 보여 주는 세상. 여기에는 내가 사랑하는 아침 공기의 신선함이나 친구들의 떠들썩한 웃음은 없고 오로지 시대와 이념을 초월하는 법칙이 있을 뿐이다. 이것은 수학이라는 영역이 사람들로 하여금 접근하기 어려운 허들로 작용한다.

그렇지만 오히려 이것은 수학의 장점이다. 수학을 통해 획득할 수 있는 추상적인 사고와 법칙성은 우리가 살고 있는 현대 사회에서 점점 더 필요한 요소다. 수학은 그 특성상 구체성과 추상성의 경계에서 세상과 끊임없이 소통하며 독특한 방식으로 관계를 맺기에, 한 개인의 의식을 명료하게 만들고 사물의 본질을 알아채도록 안내한다.

2020년 초 예상치도 못했던 코로나 바이러스가 우리를 덮치면서 온갖 정보가 쏟아졌다. 이때 당혹스러웠던 것은 '어느 것이 진실인지 알 수가 없다'는 점이었다. 무수한 전문가들이 코로나19로 인한 향후 변화를 예측하고 대책을 내놓았으나 그 어느 것도 정확한 해법이 아니었다. 불특정 다수에 의한 높은 전염률, 기하급수로 늘어나는 확진자, 전염이 누구에게나 닥칠 수 있다는 공포로 다가올 때 우리에게 가장 필요한 것은 무엇일까?

미래는 더욱 불확실해질 것이다. 게다가 더 이상 공동체의 가치관이 개인의 삶을 결정할 수 없기 때문에 현대인은 각자 스스로 판단하고 책임져야 하는 시대가 되었다. 따라서 우리 아이들은 자신의 경험을 넘어서는 통찰의 힘을 키우고 이를 변화, 발전시킬 수 있는 동력을 자기 자신의 내부에서 만들어야 한다. 또한 그 힘을 어찌 쓸지를 결정하는 지성도 필요하다. 이런 종류의 능력은 한 인간이 유아기를 거쳐 청년으로 자라는 동안 천천히 꾸준하게 발달한다.

나는 모든 것을 학교에서 배워야 한다고 생각하는 건 아니다. 그러나 아이들이 학교에 온다면 최선을 다해 미래를 위한 준비를 함께 해야 한다. 이 시대에 필요한 판단력과 지성의 발달을 위해 학교 수학이 본연의 역할을 할 수 있을까? 이 갈증이 나를 푸른숲발도르프학교로 안내했다. 내가 찾는 것이 발도르프 수학에 있을 것 같다는 단서를 발견했기 때문이다. 하지만 초기 대안학교가 그렇듯 수학 수업만 할 상황이 아니었고, 여러 과목뿐 아니라 담임의 역할까지 하면서 일명 전천후 수습 전담 교사를 하다 보니 10여 년이 훌쩍 지났다. 하지만 지나고 보니 이 경험은 아이들과 수학을 다양하게 접근하는 소중한 기회가 되었다. 또한 과목이나 활동마다 그 장점이 드러나는 아이들이 다르다는 점을 발견한 것은 큰 소득이다. 그 시간을 보내며 수학 교사로서 나는 다시 태어나고 있었다. 이 책을 통해 그 경험을 나누고자 한다.

2021년 3월
김진형

1부

수를 다룬다는 것

우리의 몸에는

무수히 많은 '수'가 들어 있다.

생명이 시작되는 순간부터 끝날 때까지

늘 함께하는 심장 박동 소리부터

온몸을 휘돌아다니며 삶을 지속시키는

혈액의 리듬까지

이 모든 것이 '수'의 실재이다.

다시 말하면 세상의 소리와 패턴,

반복과 질서가 '수'라는 언어로

인간에게 말을 걸고 있다.

* 수학 수업의 도입을 위한 시. 발도르프학교의 수업은 이렇게 '열기시'
로 시작한다. 함께 시를 읽으며 수업 전체의 그림을 교사와 학생들이
그린다. 이를 위해 과목마다 교사들은 수업 주제를 크게 아우르는 내용
으로 열기시를 지으려고 고심한다. 나 역시 꽤 많은 시를 지어야 했고
위의 시도 그 중의 하나다.

약 4만 년 전이다. 현생 인류가 '하늘에 떠 있는 해'와 '나'를 '하나'라는 공통점을 가지고 바라보기 시작한 시기가. '수數'가 어떻게 우리에게 왔을까, 새삼 신비롭다. 그렇지만 문명과 함께 자리 잡은 뒤 '수'는 인간의 의식을 반영하고 또 새롭게 구성하며 우리의 삶에 깊숙이 들어와 있어서 우리는 수를 너무나 당연하게 대한다. 그런데 어린아이들이 숫자 1, 2, 3을 읽을 수 있다고 하여 과연 이를 두고 '수를 다룬다'고 할 수 있을까? 그렇지 않다.

아이들이 학교에 첫 발을 딛는 나이는 '수'를 다루기 위한 본격적인 단계에 진입하는 시기라 여겨진다. 아이들이 각자 머물고 있는 좁은 세상에서 깨어나 보다 넓은 세상으로 발을 딛는 데 걸리는 시간은 대략 3년이 걸린다. 이 정도 기간은 지나야 수가 익숙해지며 연산을 활용해서 삶에 필요한 것들을 찾을 수 있다. 그래서인지 4학년이나 5학년 아이들은 이전과 확실히 다르다.

요즘에는 정부의 방역 방침에 따라 매일 아침 담당자가 건물로 들어오는 입구에서 등교하는 학생들과 교직원들의 체온을 측정하여 기록한다. 체온을 정확히 재려면 비접촉체온계를 이마 가까이 대야 하기 때문에 학생들은 앞머리를 쓸어 올려야 한다. 그러다 보니 아침마다 아이들의 이마를 마주한다. 이때 재미있는 현상을 관찰하는데, 일정한 연령까지 아이들은 주저 없이 나에게 자신의 이마를 맡긴다. 아이들의 이마는 둥글고 빛이 난다. 이 아이들은 대략 1학년에서 3학년 가량이다. 하지만 4학년 이상의 아이들은 전혀 다르다. 그 아이들은 일단 앞머리를 젖히기를 싫어한다. 이마에 체온계를 대면 곧 알게 된다. 왜 이들이 '이마를 까는' 행위를 원치 않는지를. 이유는 독자의 상상에 맡긴다.

아이들은 열 살 무렵이 될 때까지 어른들이나 주위 사람들에게 경계가 없이 친밀하게 대한다. 마치 사람의 언어 이전에 있던 소통 체계를 몸에 담은 듯, 주변의 분위기에 예민하고 의심이 없다. 이 아이들에게 비치는 세상은 온통 호기심으로 가득 차 있고 신비롭다. 이 아이들의 의식 세계는 채워 줘야 할 텅 빈 공간이 아니라 우리와 전혀 다른 차원의 세상이다. 또한 이 아이들의 신체도 관찰할 필요가 있다. 우선 머리가 몸 전체에 비해 차지하는 비율이 크고, 전반적으로 팔과 다리 길이가 짧다. 이 시기의 아이들은 뒤꿈치를 살짝 들고 분주하게 사뿐사뿐 뛰어다닌다. 점차 나이가 들면서 이런 모습은 사라지고 걸음도 무거워진다.

수를 받아들이는 반응을 보면 8세 무렵 아이들의 의식 세계는 일차원적인 선線의 모양과 닮았다. 여기서 선이라 함은 우리가 알고 있는 직선이나 곡선의 기하학적인 개념보다는 아이들이 주변과 관계 맺기의 속성을 말한다. 그래서 아이들은 즉각적으로 반응하고 끊임없이 움직이며 실제로 느끼고 싶어 한다.

시간이 흐르면서 의식은 좀 더 확장된다. 같은 것을 더하고 빼는 단계를 넘어서 곱셈이라는 연산이 가능해지고, 다루는 수가 자신이 관찰해 온 범위를 벗어나도 받아들인다. 아이들이 좀 더 자라 3학년 나이가 되면 나와 나를 둘러싼 공간을 비로소 느끼고, 나를 중심에 두고 세상을 바라보게 된다. 이때 자신의 몸이 사방으로 뻗어나가는 걸 알게 되고, 중심을 잡을 수 있도록 측량을 공부하며, 세상의 기준을 받아들이는 연습을 한다. 마치 초기의 인류가 사회적 관계망을 이루고 소통과 기록을 위해 '수'를 발명했던 과정을 재현하듯 이 아이들에게 매 순간은 발견과 발명의 시간이다.

나는 이 시기의 아이들에게 수리적인 감각을 풍부하게 익힐 수 있도록 배려하는 것이 무엇보다 중요하다고 본다. 아이들이 좀 더 자라고 나면, 수를 개념으로 이해하게 되어 생동감이 사라지기 때문이다. 미리 가르치는

그림2. 교사는 꼭지가 다섯 개인 별을 사용하여 5단을 표현하는 그림을
그렸는데 이 아이는 별을 따기 위해 사다리와 자신을 더 그려 넣었다.
'선생님, 저는 아직 꿈꾸고 싶어요.'라고 말하는 듯하다.

것도 정말 위험하다. 사물의 추상성을 받아들일 만큼 의식의 세계가 아직 형성되지 않은 어린아이들에게 연산을 가르치는 일은 뿌리가 채 내리지 않은 모종을 끄집어 올리는 것과 같다. 아무 일이라도 준비가 되었을 때 시작하는 게 좋다. 특히 수학은 최종 도달 지점이 추상적인 사고다. 초창기 배움에서 세상을 적극적으로 받아들이고 단단하게 뿌리를 내려야 꽃을 피울 수 있다.

교사가 이런 의미를 받아들이고 올바른 방법으로 가르치는 것은 쉽지 않으므로 큰 용기가 필요하다. 다행히 수업에서 배우는 이는 아이들만이 아니다. 오히려 교사가 아이들로부터 배운다. 이 점을 우리는 이미 알고 있기에, 함께 그 배움의 장으로 떠나 보려 한다.

1장

수의 발견, 자연에서 찾다

아이들은 놀면서 배운다. 자신을 둘러싼 세상의 온갖 것에 공감하니 자연을 다룬 이야기나 옛날부터 내려온 동화를 들으며 내면에 상상력을 풍부하게 키운다. 상상력을 발휘하면 아이 눈앞에 놓인 작은 돌멩이도 친구고 마법 구슬이고 맛난 과자다. 이처럼 상상력 넘치는 이 아이들에게 숫자는 어떤 의미인가? 아이들이 학교에서 첫 수업을 들을 때의 일이다. 나는 수업 방법론에 있는 내용을 실제 적용해 보았다.

긴 나뭇가지 하나를 가져와 아이들 앞에서 말했다.

"얘들아. 이건 하나라고 해." 하고 나서, "이건 둘이라고 해."라고 말하며 나뭇가지를 둘로 쪼개었다.

"하나와 둘 중 어느 것이 클까?"

아이들은 하나가 더 크다고 대답했다. 아이들이 학교에 들어와 첫 수학 시간에 배울 것은 '하나'나 '둘'을 세는 것이 아니다. 숫자 세기는 더 어린 나이에도 한다. 오히려 이미 알고 있는 '그것'이 무엇인지 새롭게 보는 작업을 해야 한다. 어른이 된 우리는, 상상한 대로 말을 걸어오던 사물이 수라는 모습으로 바뀌던 그 어린 시절을 기억하는가? 이 과정을 쉽고 빠르게 지나쳐 버리기엔 참으로 아까운 시간이다.

"내일 학교 올 때 6을 찾아볼래?"

그림3. 한 아이가 곤충에게서 6을 발견하고 그림으로 그렸다.

이른 봄이지만 등굣길에 아이들의 눈길을 끌만한 것들은 부지기수다. 이런 숙제를 받으면 아이들은 평소 마주하던 사물들에서 6의 공통성을 발견하려 한다. 마침 잎이 여섯 개만 달린 나뭇가지, 내 왼쪽과 오른쪽 잠바 주머니에 있는 밤 여섯 알, 친구 옷에 주렁주렁 달린 단추 여섯 개, 어제까지 눈에 띄지 않던 6이 여기저기에서 보인다. 교사는 아이들이 가져온 6을 교실 바닥에 모아 놓고 이야기를 나누면서 주변에 또 6이 있는지 찾는다.

이렇게 1에서 10 또는 12까지 수를 찾고 공책에 정리하면서 아이들은 수업이란 걸 배운다. 공책에 색연필로 테두리 하기, 글씨를 쓸 때 바른 자세로 앉기, 친구와 함께 하기 등 수업을 한다는 행위에 있는 많은 요소를 천천히 몸에 익힌다. 이 작업이 마무리되면 이제 본격적으로 내가 아는 수를 적용하여 물건을 세어 본다. 이때 가장 중점을 두는 것은 '수를 양으로 느끼는 활동'이다.

우리는 이미 수의 추상성에 익숙해져 있어서 아주 큰 수나 아주 작은 수가 나타내는 크기나 양을 제대로 알지 못하면서도 별 문제없이 쓰고 있다. 그렇다 보니 아이들도 한 번도 본 적이 없는 양을 나타내는 큰 수를 주저 없이 말하는 경우가 있다. 하지만 우리의 수업 목표는 자신들이 충분히 만지고 본 감각을 그대로 수로 옮

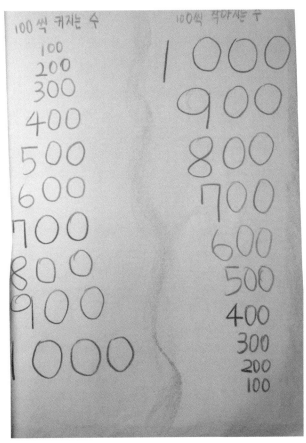

그림4. 100씩 커지는 수, 100씩 작아지는 수. 수를 배우고 한참 지난 시기에 쓰인 이 공책에는 추상화 작업이 아직 덜 완성된 아이의 의식이 드러나 있다. 수가 커지는 만큼 당연히 점점 더 크게 써진다. 이렇게 쓰인 공책을 보면 아이의 의식이 어디쯤에 있는지 알 수 있다. 수를 안다는 것은 그 수를 다룰 수 있을 만큼 수리 감각이 발달한다는 의미다. 요즘은 이와 상관없이 덧셈도 어색한 어린아이들이 매우 큰 수를 말하는 모습을 보면 놀랍다.

기는 것이다. 따라서 이 시기 아이들이 큰 수를 '찾기'보다는 100이 얼마나 큰 수인지를 '느끼'는 쪽에 중심을 둔다.

교사는 손뼉을 치거나 발 구르기로 아이들의 몸에 들어 있는 리듬을 수와 연결하는 활동을 한다. 1학년 아이들은 아직 남의 말을 인식하고 행동하기보다 거울처럼 남의 행동을 따라 하는 게 자연스럽다. 교사는 노래나 음악으로 아이들을 깨우고 움직이도록 배려해야 하므로 수학적인 활동에도 다양한 음악적 요소가 들어간다. 1학년 아이들은 주기집중수업*의 일부 시간 동안 리듬 활동을 한다.

리듬 활동이란 같은 음악이나 리듬을 반복하여 들으

---

* '주기집중수업'이란 '주기'를 두고 이루어지는 수업이라는 뜻이다. 발도르프학교는 모든 주제 수업을 일정 기간(보통은 4주) 매일 아침 같은 시간에 100분씩 진행한다. 이 기간에 아이들은 한 주제에 푹 빠질 정도로 충분한 시간을 들여 집중할 수 있어서 깊이 있게 경험하고 배운다. 아이들의 발달단계를 참고하여 어느 학년에 어떤 내용이 필요한지 잘 정리되어 있으나 상세한 수업의 내용은 교사의 재량에 맡겨져 있다. 주기집중수업에 임하면서, 교사는 교과 구성을 위해 그동안 공부해 온 과정, 그리고 다른 과목과의 연계성을 참고해 수업 계획을 짠다. 이때 가장 중요하게 고려할 점은 '학생들이 지금 어느 지점에 있는가'이다. 나 역시 전문 교사로서 매년 같은 학년에 주기집중수업을 들어갔다. 아이들을 만나면서 나는 같은 주제라도 이전 내용을 다시 다룰 수 없음을 느낀다. 그래서 발도르프학교에는 참고 도서와 보조 교재는 있어도, 수업에서 정기적으로 사용하는 교과서는 없다. 수업에서 아이들이 직접 정리해서 축적된 공책이 배움의 과정이자 결과물이다.

며 팔다리와 몸을 움직이는 것인데, 이 활동으로 전날의 기억을 되살린다. 이렇게 수업을 시작하면 배움으로 들어가는 우리 몸이 긴장 대신 안정감을 찾는다. 매일 아침, 리듬 활동으로 수업을 시작하는 이유는 이렇게 우리 몸에 속해 있는 리듬 감각을 깨우고 배움을 준비하기 위함이다. 이러한 리듬 활동은 한자리에서만 하는 게 아니라 교실 전체를 무대로 몸을 움직이기도 한다. 직선이나 곡선을 따라 움직일 때마다 시선의 변화와 자신의 움직임을 의식적으로 반복하며 느끼는 것이 중요하다. 이렇게 반복된 경험은 아이들의 몸에 무의식적으로 기억되며 '수학'과 '형태 그리기'라는 시간을 통해 형식화되고 이후 5학년 기하학 수업에서 다시 꽃피운다.

---

* 기하학은 발도르프학교의 수업 중 가장 특색 있고 독특한 주제(과목)다. 5학년 때는 자나 어떤 도구의 도움 없이 온전히 손과 눈의 감각으로 선분과 원을 그리고 목적에 맞게 분할하여 여러 가지 아름다운 도형을 그린다. 6학년의 기하학은 컴퍼스를 사용하며 일반 교육과정의 '작도' 내용이 포함된다.

2장

자연 놀이에서 연산의 세계로

사칙연산은 의지의 작업이다

수학 수업을 하는 동안 교실 안은 은행이나 도토리, 밤 같은 열매들로 가득하다. 아이들이 산책하거나 바깥놀이를 하면서 모아온 열매들이다. 연산은 놀이처럼 시작된다. 모둠별로 앉아 친구가 가져오거나 교사가 준 열매가 개수를 세어서 모두 몇 개인지 알아내려고, 아이들은 놀라울 정도로 집중한다. 중간에 까먹어서 다시 세기도 한다. 이렇게 한참을 세 보는 것은 수 감각을 익히기 위한 기본 활동이다.

  사람들이 일일이 세지 않고 알아차릴 수 있는 사물의 개수는 몇 개일까? 실제 열 개를 넘지 못한다. 이런저런 이유로 기록이 필요했고 그 결과가 부호의 사용이다. 아이들이 이런 필요를 직접 느끼게 하는 작업이 물건의 개수 세기다. 연산의 기초를 단단하게 하기 위해 이 과정이 매우 중요한데, 우리는 시간이 너무 걸린다는 이유로 자주 생략한다. 하지만 아이들에게 정말 필요한 시간은 수를 세다가 잊어버리거나 잘못 세고 있다는 걸 알아차리고 다시 세기를 시도하는 그 순간이다. 이제 막 수를 받아들인 아이들이 스스로 생각해 낸 기술을 직접 사용하여 어려움을 해결한다면, 아이들은 내면의 확신을 얻을 수 있다.

이러한 아이들의 내적인 요구를 파악하여 끌어내고 연산에 이르게 하는 길은 무엇일까? 여기에는 몇 가지 단계가 있다. 처음에는 내가 하는 활동이 무엇인지 명확하게 인식하는 작업이 필요하다. 이를 위한 방식은 아이들이 커 가면서 그들의 관심과 필요에 따라 달라진다. 일반적으로 아이들이 어릴수록 교사는 단순하고 목표가 확실한 활동을 제공해야 한다.

활동이 끝난 후 책상에 앉아 공책을 펴고 방금 한 활동을 되새겨 본다. 이때는 가지고 놀던 열매나 나무막대는 모두 치워서 책상 위에 아무 것도 남지 않게 한다. 그런 후 교사는 상상 속에서 아이들이 따라올 수 있도록 그림을 그리듯 천천히 이야기하며 아이들이 했던 활동을 함께 정리한다. 그리고 나서 방금 한 이야기에서 계산한 내용을 공책에 쓰게 한다. 아직 글을 배우지 않았다면 그림을 그리게 한다. 미술 시간이 아니므로 열매나 과일을 그리되 단순하게 표현하도록 안내한다.

아이가 글을 알기 시작하면 짧은 단어로 설명을 추가하게 한다. 시간이 더 흘러 문장을 쓸 수 있으면 한 문장 정도 설명을 붙이라고 한다. 아직은 스스로 글을 짓기가 어려우므로 아이들과 질문을 주고받으며 칠판에 보기가 될 문장을 써 놓고 이를 공책에 옮기게 한다. 그러다가 점점 중심 단어만 써 주고 아이들이 나머지를 채우게 한다.

마지막 단계에서는, 이 활동을 숫자와 부호로 적고 이 식의 의미를 되새긴다. 구체성이 사라지고 수학적 부호를 받아들이는 가장 중요한 시간이다. 부호는 아이들에게 마법과 같다. 이때는 시간을 충분히 주어 아이들이 자기 힘으로 정리했다고 여기도록 배려한다.

1학년 후반에 간단한 덧셈과 뺄셈을 이해하고 쓰기 위해 진행한 수업을 예로 들어 보겠다.

수업이 시작되면 아이들은 선생님을 중심으로 둥글게 모여 앉아 사이좋은 형제 이야기를 듣는다. 그런 다음 서로 짝을 지어서, 교실 뒤에 교사가 미리 준비해 놓은 볏단자루가 든 주머니를 가지고 온다. 볏단자루는 아이들이 바깥놀이 하며 모은 얇고 짧은 나뭇가지를 끈으로 묶어 볏단 모양을 만들면 된다. 1학년 아이들에겐 볏단이 잘 그려진 그림보다 실제 나뭇가지 묶음이 더 현실적이다. 볏단자루를 이야기에 나온 대로 12개와 6개로 나누고 이야기 속 주인공이 되어 동생 역할을 하는 친구에게 볏단을 선물한 뒤 형인 자신에게 남아 있는 게 몇 개인지 센다. 서로의 볏단 개수를 확인한 후 모아서 주머니에 넣어 그 주머니를 원래 있던 자리인 교실 뒤에 다시 가져다 놓는다.

"얘들아. 방금 여러분이 사이좋은 형제가 되어 볏단을 주고받았어요. 처음 형이 가지고 있던 볏단은 몇 개였지?"

"열두 개요."

"그래요. 열두 개였어. 그 다음에 무슨 일이 있었지?"

"형이 동생에게 볏단을 주었어요."

"볏단을 몇 개 주었지?"

"네 개 줬어요."

"그러면 형의 볏단은 몇 개 남았을까?"

"여덟 개 남았어요."

이때 아이들은 계산을 하는 게 아니라 조금 전 자신들이 가지고 있었던 볏단의 수를 떠올리며 대답한다.

"그렇구나. 형의 볏단이 처음에는 열두 개였는데 네 개 주어서 모두 여덟 개 남았구나……. 이제 볏단을 그리고 이야기를 덧셈과 뺄셈으로 써 볼까?"

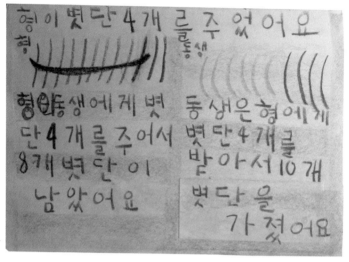

형이 볏단 4개를 주었어요

형에게 동생에게 볏단 4개를 주어서 8개 볏단이 남았어요

동생은 형에게 볏단 4개를 받아서 10개 볏단을 가졌어요

그림5. 이 공책은 위의 단계에 따라 수업을 진행하고 정리한 결과물이다. 공책의 다음 면에는 이렇게 적는다. "형의 볏단 8은 12에서 4를 빼면 나옵니다. 8=12-4." 활동 시간보다 공책 정리에 많은 시간을 준다. 뭘 어떻게 해야 할지 한참 생각해야 하는데 시간이 부족하면 금방 교사에게 손을 뻗기 때문이다. 밑그림은 자신들이 그리고 교사는 그 위에 '약간'의 손질을 제공한다고 느껴야 아이들이 스스로 정리했다고 여긴다.

수업이 시작되고 여기까지 진행하는 데 적어도 30분 이상 걸린다. 볏단 모형을 주고받는 활동은 단순하지만 이를 준비하고 마무리하는 시간이 더 길다. 그럼에도 이 과정에 공을 들이는 이유는, 아이들이 이 활동에 깊이 들어오게 하기 위함이다. 수학 수업에서 가장 중요한 단계는 공책에 덧셈식과 뺄셈식*을 적는 것이다. 그런데 더 중요한 것은 아이들이 방금 마무리한 자신들의 활동을 떠올려서 그것과 연산 부호와의 관계를 깊게 맺는 일이다. 그래서 그들 스스로 정리할 수 있도록 충분히 시간을 주어야 한다. 이 과정에서 아이들은 수학적 활동의 의미를 받아들이기 때문이다. 이러한 정리 단계가 없으면 수업은 그저 놀이가 된다. '수학을 즐겁게 할 수 있는 놀이'는 수학에 긍정적인 태도를 가질 수 있다는 점에서 도움이 되지만 이런 활동만을 반복한다고 해서 수학적 사고의 싹이 저절로 자라는 것은 아니다.

　아이들은 연산을 할 때 이것이 어떤 행위였는지 몸으로 기억한 사실을 떠올린다. 자기 상상 속에서 친구들과

---

* 뺄셈을 언제 시작하면 좋을까? 일반적으로 덧셈이 충분히 익숙해진 다음 뺄셈을 도입하는데, 굳이 순서를 둘 필요는 없다. 이 세상에 더하고 빼는 일은 순서대로 일어나지는 않는다. '활동과 돌아보며 상상하기, 계산하기 그리고 식으로 쓰고 정리하기' 이 과정은 각 단계가 차지하는 비율이 달라지기는 하지만 모두 들어가야 제대로 된 사고의 틀이 잡힐 수 있다.

함께 했던 일을 다시 떠올리고 이를 숫자와 연산 부호로 바꾸어 공책에 정리하는 과정을 다 하려면, 아이들은 매우 '적극적인 의지'를 가지고 참여해야 한다. '연산을 쓴다'는 의미는 이런 의지력이 실제 행동으로 발현되는 것이다. 따라서 수업 시간에 이루어지는 '활동'은 이 모든 단계를 품고 있는 토양이다. 이렇게 상상하고 의지로 '행하는' 저학년의 수학은 이후 '사고 작용'으로 발전하기 위한 밑거름이다.

식을 쓰고 정리하는 단계를 마치면 마무리로 10분 정도 암산할 문제를 낸다. 공책과 필기도구를 모두 치우고 나서 오늘 우리가 공부한 것을 확인해 보겠다고 하면서 아이들의 시선을 모은다. 처음에는 "동생이 형에게 볏단 두 개를 도로 가져다주었다면 형은 몇 개가 되었을까?" 같은 구체적인 상황을 주면서 묻다가 시간이 지나면 "3 더하기 5는 얼마일까?" 같은 순수 연산 문제들을 주면서 연습한다.

이 과정을 쉽게 지나가는 아이도 있고 너무나 어렵게 받아들이는 아이도 있다. 특히 활동을 수식으로 쓰는 단계가 되면 손을 놓는 아이도 있다. 어떤 아이는 "그냥 이야기를 적으면 안 돼요?" 하고 묻는다. 이때 저마다의 속도가 다르므로 아이의 특성을 고려해야 한다. 이 내용은 3부 연습문제 사용법에서 좀 더 다루겠다.

리듬 활동을 이용한 '수 뛰어 세기'도 이 시기의 아이들에게 잘 어울린다. 이미 말했듯이 아이들은 음악을 품고 있다. 처음 수를 배우며 '1, 2, 3, 4……'를 셀 때 크게 한 번, 작게 한 번을 번갈아 외치는 활동을 한다. 이게 더 발전하면 '1 2 3', '4 5 6', '7 8 9'와 같이 숫자를 세 개씩 묶어서 외치는 등 여러 가지로 변형해 볼 수 있다. 이는 이후 곱셈과 연결되는데 일반적으로 구구단의 시작이라고 여긴다. 그런데 실제로 수업을 해 보니 아이들이 덧셈과 뺄셈에 이미 '뛰어 세기'를 적용하고 있었다.

"얘들아. 오늘은 선생님이 어제보다 새로운 걸 가져왔어. 8에 4를 더하는 데 손가락으로 직접 세지 않고도 알아내는 방법이야. 혹시 너희들 중 이 방법을 아는 사람 있을까?"

그날의 수업 목표는 2와 8처럼 10을 만드는 보수를 이용한 받아올림 계산이었다. 그 동안 열심히 익힌 보수 찾기 방법을 누군가 상기해 주기를 기대했다. 결론부터 말하면 많은 아이들은 4씩 뛰어 세는 방법을 더 좋아했다. 오히려 4를 2와 2로 가르고 8과 짝지어 10을 만드는 방법에는 심드렁한 반응을 보였다.

"선생님, 8에 4를 더하면 12예요. 4, 8이고 그 다음이

12잖아요."

"오호, 뛰어 세기로 찾는 방법이 있구나."

교사는 마음이 급했으나 아이들은 아랑곳하지 않고 신이 나서 갖가지 뛰어 세기를 떠올렸다.

"2씩 두 번 건너뛰어도 돼요. 8, 10, 12잖아요."

아이들이 2씩 두 번 건너간다고 곱셈을 아는 건 아니다. 아침마다 반복하여 '2, 4, 6, 8'이나 '3, 6, 9'처럼 건너 세는 리듬 활동을 한 덕에 몸에 익숙해져 버린 결과다.

저마다 2나 3 또는 4로 하는 리듬 활동을 떠올리며 공감을 하고 있을 때 한 아이가 손을 번쩍 들며 외쳤다.

"선생님! 8에다가 1씩 계속 가도 돼요! 9, 10, 11, 12 니까요."

"아…… 그것도 좋은 방법인데 너무 쉽다. 다른 방법은 없니?"

이 수업은 동료 교사가 진행했고 나는 멘토링을 위해 뒤에 앉아 있어서 그 아이의 표정을 볼 수 없었으나 아주 인상적인 순간이었다. 이 대화 뒤로도 아이는 여전히 수업에 참여했고 별다른 변화가 없었지만 마음에 계속 남았다. 수업이 마무리된 후 동료 교사와 나는 두 가지를 점검했다.

첫째, 아이들이 받아올림을 10의 보수로 접근하는 전

통적인 방법을 꼭 써야 하는가? 군이 그럴 필요 없이 여러 방법 중에 있는 하나로 10의 보수를 활용하고, 앞으로도 교사가 먼저 알려 줄 게 아니라 아이들의 경험에서 나오는 방법을 수용하기로 했다. 수가 커지면 저절로 보수를 활용하게 된다. 이 시점 또한 아이들의 몫이다.

둘째, 1씩 더하자고 제안했던 아이에게 만회할 기회를 주는 것은 어떨까? 알고 보니 조용하지만 수 놀이를 좋아하는 아이였다. 어떤 면에서 연산 수준은 정확히 경계가 있어야 한다. 그렇지만 이제 시작인만큼 말할 용기를 갖게 하는 게 더 중요하다고 판단해서 다음 시간에 1씩 더하는 방법도 언급하기로 했다. 다음날 수업에서는 훨씬 많은 뛰어 세기의 예가 나왔다.

어느 정도 발표가 마무리될 즈음 선생님은 "어제 준희(가명)가 말한 방법, 1씩 더하는 것도 우리가 쓸 수 있겠지?" 하고 말했다. 이 말이 끝나기가 무섭게 준희는 이제까지 들어 본 적 없는 큰 목소리로 빠르게 외쳤다.

"선생님이 어제 그건 너무 쉽다고 했잖아요!"

"……."

"그런 건 유치원생도 할 수 있다고 그러셨거든요!"

의아하다거나 왜 어제랑 다른 얘기를 하냐는 항의가 아니었다. 많이 억울해서 심술이 잔뜩 나 있다가 옆에서

툭 치며 안아 줄 때 "왜 내 맘 몰라 줘요!"라고 터뜨리는 감정이었다. 아이들이 '어제 무슨 일 있었나?'라는 의아한 표정으로 준희를 쳐다보았고 동료는 예상치 못한 반응에 잠시 말을 멈추었다가 "어제는 그렇게 생각했는데 다시 보니 그 방법도 훌륭하다."며 수습했다. 나는 웃음을 참느라 한동안 고개를 숙이고 있어야 했다.

하나씩 센다는 준희의 대답을 수용하면서 10의 보수 이야기를 꺼낼 기회는 멀어져 갔으나 이 장면은 두고두고 우리를 미소 짓게 만든다. 만일 처음부터 교사가 "오늘은 여러분에게 10의 보수를 이용해 덧셈하는 방법을 알려 줄게요."라고 했다면 아이들은 별다른 혼란 없이 방법을 쉽게 익혔을 것이다. 하지만 자신들의 내면에 자리 잡고 있는 리듬의 수를 내어놓지 않았을 것이고, 아이들이 수를 어떻게 받아들이고 있는지 알지 못했을 것이다.

게다가 우리의 한계는 명확했다. 8을 2와 6으로 쪼개어 그 중 6을 4와 더한다든가, 4를 2와 2로 쪼개어 8과 2를 더 할 수 있다. '혹시 8을 7과 1로 쪼개고 4를 3과 1로 쪼개어 7과 3을 더하는 아이들도 있지 않을까?'라는 예상도 했다.

$$8 + 4 = 2 + 6 + 4$$
$$= 2 + 10$$
$$= 12$$

$$8 + 4 = 8 + 2 + 2$$
$$= 10 + 2$$
$$= 12$$

$$8 + 4 = 7 + 1 + 3 + 1$$
$$= 1 + 10 + 1$$
$$= 12$$

어느 것이든 열어 놓자고 했으나 이 모든 것이 10 만들기에서 벗어나지 못했다. "교사는 한 수업을 위해 정성껏 준비한 보따리를 마련하지만 교실 문을 열고 들어가는 순간 다 버린다."는 경구는 이럴 때 필요한가 보다.

한 걸음씩 한 걸음씩 더하기와 빼기의 부호로 활동이나 이야기를 표현하는 힘을 키우면 어느 때부터인가 자기 생활을 수식으로 쓰고 싶은 욕구가 생긴다. 다음 쪽 그림6의 공책을 보면 10의 보수를 이용한 뺄셈을 아이 자신의 언어로 설명하고 있다. 마지막 문장이 주목할 만하다.

"세어 보지 않고도 남은 토마토의 수를 알 수 있다."

연산을 왜 배우는지 그 가치를 발견하고 스스로 자랑스러웠을 아이의 마음이 보인다.

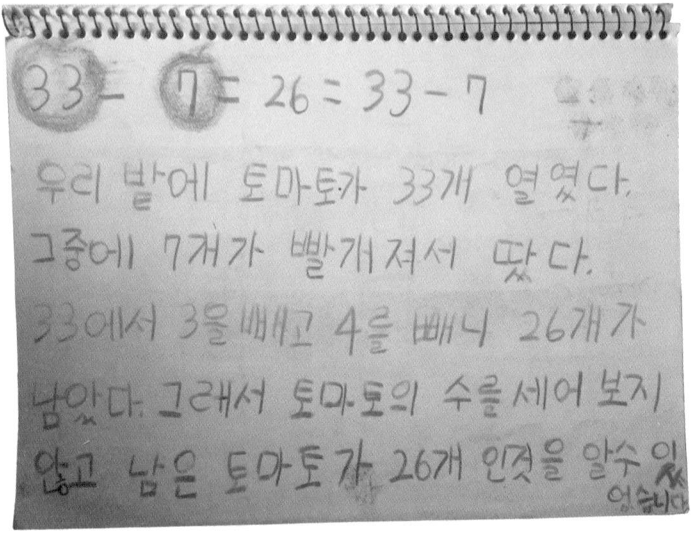

$$33 - 7 = 26 = 33 - 7$$

우리 밭에 토마토가 33개 열였다.
그중에 7개가 빨개져서 땄다.
33에서 3을 빼고 4를 빼니 26개가
남았다. 그래서 토마토의 수를 세어 보지
않고 남은 토마토가 26개 인것을 알수 있습니다

그림6. 이 글은 주말 동안 자연이 어떻게 변했는지 관찰한 것을 적은 과제 일기이다. 즉 수학 공책은 아니다.

어느 시점에서나 그렇지만 연산을 처음 시작하는 아이들에게 '내가 이것을 만들어 낼 수 있다'는 의식은 정말 중요하다. 몸으로 행하는 것을 떠올리고 다시 추상화하는 단계까지 아이들이 직접 참여할 수 있도록 배려해야 한다. 그러지 않으면 익숙하지 않은 이 추상의 세계에서 소외되어 교사나 어른 또는 앞선 이의 뒤에 숨어 버리고 그때부터 연산은 그저 고통스러운 노동이 될 뿐이다.

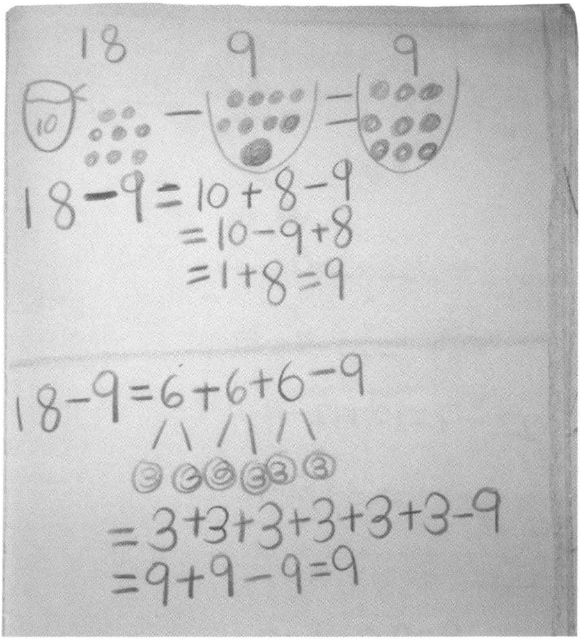

그림7. 십진법에 익숙해질수록 연산에서 보수를 이용하는 게 훨씬 쉽다는 것을 알지만 아이들은 여전히 뛰어 세기를 사용하고 싶어 한다. 특히 활발한 성향을 가진 아이들이 더 심취한다. 이 공책 내용은 여러 가지 방법으로 하는 뺄셈에 등장한 뛰어 세기 중 하나다. 아이들은 이 연산에 3씩 뛰어 세는 방법을 사용했다. 18과 9는 모두 3의 배수니 타당한 선택이다. 자연스럽게 공배수의 개념까지 익히고 있다.

아이들이 뛰어 세기에 푹 빠지는 이유는 그 규칙을 말할 때 익숙한 활동이기도 하지만, 리듬과 음악성이라는 요소가 자신들에게 가장 잘 맞았기 때문이기도 하다. 그림7에서 보면, 아이는 아마도 3을 쓰며 마음속에서 세 번을 뛰었을 것이다. 이보다 가치 있고 아이들을 움직이게 하는 게 있을까? 이것이 바로 연산이 의지의 작업인 이유다.

2+2+2를 2×3이라 쓰기

곱셈을 설명할 때 더하기를 여러 번 하지 않고 간편하게 표시하는 방법이라고 설명하기에는 약간 아쉬운 점이 있다. 근대近代 이전만 해도 두 요소의 곱은 넓이의 개념이었다.

그렇다면 꽃잎이나 잎사귀를 이용해 면을 채우는 활동을 도입한 다음 차원을 확장해 가는 건 어떨까? 예를 들어 비슷한 크기의 나뭇잎을 주워 와서 모두 몇 개인지 알아본다. 그리고 나서 나뭇잎을 네모(직사각형) 모양이 되도록 줄을 맞춰 놓아 보자고 한다. 예를 들면 나뭇잎 18개를 한 줄에 6개씩 놓으면 3줄이 되어 직사각형을 만들 수 있다. 하지만 실제 수업에서 이 작업을 시작했을 때 아이들은 한 줄에 몇 개씩 놓아야 할지 미리 계산하지 않았다. 그보다는 우선 놓고 싶은 만큼 옆으로 쭉 늘어놓은 다음 두 번째 줄을 채우려 했고 나뭇잎이 모자라면 다른 줄에서 가져오면서 모양을 만들어 갔다. 이 과정을 거치며 몇몇 아이들이 자신들이 배우고 있는

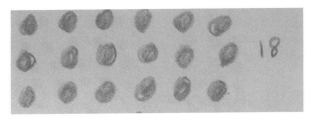

그림8. 나뭇잎 18개를 위와 같이 나열한다면 나뭇잎 개수는 모두 18. 지금까지 '18=6+6+6'이라 썼는데 이제 새로운 표시법을 배운다.

구구단을 활용하기 시작했고 결국 반 전체가 공유할 수 있었다.

교사는 맨 첫 줄에 놓을 나뭇잎의 개수를 아이들에게 말할 필요가 없다. 만일 교사가 처음부터 6개씩을 놓으라고 지시한 뒤 거기에 맞춰 18개를 모두 나열하라고 했다면 아이들이 쉽게 6단의 모양을 연결시켰을 것이다. 그런데 천차만별의 시도가 이루어지면서 오히려 다양한 모양이 생겼고 이를 이용해 몇 개의 구구단을 한꺼번에 익힐 수 있었다.

이런 활동을 하다 보면 18이 2단에도 있고 3단과 6단에도 있음을 알게 된다. 심지어 6개씩 3줄 놓은 것과 3

줄씩 6개 놓은 것이 같다는 점도 찾아냈다. 같은 개수의 나뭇잎으로 만든 여러 모양의 직사각형을 얇은 종이에 붙이고 마치 퍼즐조각처럼 연결하여 집도 만들고 꽃도 만든다. 이렇게 만들어진 작품들을 창문에 붙여 두면 햇살이 반투명한 나뭇잎을 비춰서 스테인드글라스보다 아름다운 풍경이 된다.

그림9. 같은 15개라도 나열하는 방법은 저마다 다를 수 있다. 친구들의 여러 가지 방법을 조약돌로 표시한 이 아이는, 5학년에서 약수*를 배울 때 이 모양을 기억해 냈다. 자신이 직접 그린 그림과 예술적인 활동은 쉽게 잊히지 않는 법이다.

* 어떤 정수가 두 정수의 곱으로 표현될 때 이 두 정수를 어떤 정수의 약수라 한다. 또한 어떤 정수는 각각 두 정수의 배수라 한다. 이를 문자식으로 표현하면 다음과 같다. 세 정수 a, b, c에 대하여 a=b×c가 성립하면 b와 c를 a의 약수라 하며, a를 b의 배수, c의 배수라 한다. 일반적으로 중등수학까지는 자연수 범위에서 약수를 다룬다.

어떤 교사는 곱셈 부호인 × 모양을 살려 물건을 상자에 쌓아 묶는 그림으로 접근하기도 한다. 물론 상상이지만, 아이들을 곶감을 만드는 할머니 집으로 데리고 간다. 점점 물질계를 떠나서 이제는 곶감 모양으로 자른 색종이를 보거나 곶감 이야기만 듣고도 그림을 그린다.

"얘들아, 이제 맛있는 곶감이 두 개씩 붙어서 말려졌네. 이렇게 붙어 있는 곶감을 작은 상자에 담으려는데 한 쌍, 두 쌍, 모두 세 쌍이 담겼어. 달콤하고 쫄깃쫄깃한 곶감이 한 상자에 몇 개일까? 우선 두 개씩 세어 보자."

"2 + 2 + 2요."

"그래. 곶감이 모두 여섯 개인데 2 + 2 + 2라고 쓸 수 있어. 그런데 지금 우리가 배울 이 부호를 사용하면 2를 세 번 쓰지 않아도 돼. 이렇게 생긴 × 부호를 사용해서 2 + 2 + 2를 2×3이라 써. 얘들아, 참 편하지 않니?"

"선생님, 저기 3이 뭐예요?"

"그건 2를 세 번 더한다는 뜻이야."

"…… 그런데 왜 곶감 두 개가 3으로 변신한 거예요?"

'2 + 2 + 2'를 '2×3'이라 쓴다고 소개했을 때 몇몇 아이들은 도대체 저 '3'이 어디에서 왔는지 무척 놀라워했다. 이제까지의 경험으로 덧셈이나 뺄셈은 보이는 사물의 개수만 살펴보면 되었다. 그래서 만일 이 숫자가 곶감의 개수를 뜻한다면 '2 + 2 + 2'에 있는 '2'라는 숫자는 모두 곶감을 가리킨다. 그러다 보니 '2×3'에서는 두 개의 곶감을 그렸는데 그 다음에 나오는 '3'을 어떻게 해야 할지 모르겠다는 거다. 갑자기 나머지 곶감은 어디로 사라지고 '3'이 나오는 걸까? 또 다른 차원의 연산이다. 아이들에게 이 연산은 엄청난 도약이며 사고를 한 단계 끌어올리는 기회가 된다.

연산 부호가 바뀌니 쓰이는 숫자도 바뀐다. 많지는 않지만 앞에서와 같은 질문을 하는 아이들을 관찰해 보면 연산 활동에 자신을 깊이 관여시켜서 숫자와 부호 하나하나의 의미를 온전히 느낀다. 그래서 수업 시간에 하는 활동을 연산 부호로 나타나는 과정에서 자신을 일체화시켰으니 문득 낯설어진 것이다. 물론 대부분의 아이들은 ×부호를 사용하여 이런 약속으로 쓸 수 있다고 받아들이지만, 그렇지 않은 아이들의 질문은 수업을 생동감 있게 만든다. 이런 종류의 낯설음을 극복해 본 경험은 이보다 어려운 개념을 받아들일 때 빛을 발한다. 이를 테면 중학교 과정의 거듭제곱 표현법은 이것과 비슷한 혼란을 준다. '2×2×2'를 간단히 하는 방법이 2^3이다. 이 개념을 이해하려면 '2 + 2 + 2'가 '2×3'으로 변하면서 나타난 숫자 3의 의미를 인식할 때처럼 명확하게 파악해야 한다.

　요즘 아이들은 정보를 많이 접한다. 학교에서 배우는 내용도 처음은 아니겠다. 하지만 교사의 접근 방법에 따라 아이들은 이미 아는 거라도 새롭고 신기한 감동으로 받아들일 수 있다.

　덧셈을 간단하게 표현한다는 건 무슨 의미인가? 반복해서 쓰는 수고로움을 덜 수 있다는 것인데 이는 직접 여러 번 써 봐야 그 느낌을 알 수 있다. 그래서 쓰고 또 쓰면서 '아, 정말 귀찮구나'라고 느끼는 그때에 $\times$ 부호를 발명한 인간의 지성을 공유하는 셈이다. 또 직접 세어 보고 그리다 보면 곱셈은 숫자가 조금만 달라져도 결과는 덧셈에 비교할 수 없게 빨리 변한다는 것도 알게 된다. 예를 들어 $5+5$와 $5+6$은 그 차이가 1이다. 그런데 5×5와 5×6은 그 값의 차이가 5만큼이나 생긴다. 아이들은 이런 것을 발견하게 해 주면 아주 신기해한다. 이 작업을 공책에 옮길 때에 시간이 오래 걸린다. 그러나 이 과정을 거치면서 덧셈보다 곱셈이 더 편한 지점을 찾게 되고 아이들은 연산에서 자신이 두 가지 중 어떤 것을 선택할지 결정할 수 있다.

　이처럼 연산은 의지의 작업이다. 처음부터 끝까지 의지를 가지고 움직일 때 연산의 의미가 살아나며 이 과

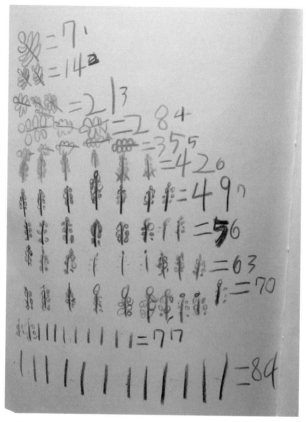

그림10. 7단을 공부하기 위해 교사는 잎이 일곱 개씩 붙어 있는 아카시 줄기를 칠판에 붙였다. 줄기 하나에 잎 7개, 줄기 둘에 잎 14개……. 차례로 7씩 더하며 숫자를 쓰는 작업이다. 이 아이는 점점 귀찮은지 어느 순간부터 잎을 작은 점으로 표시하기 시작했다. 줄기를 먼저 그리고 잎을 찍는 순서였다. 이것도 점점 단순해지면서 이번엔 줄기만 그렸다. 그러더니 뭔가 깨달은 듯 잎을 그린 아카시 줄기의 수를 세기 시작했다. 49 옆에 쓴 7이 이 아이의 첫 발견이다. 그런 다음 자신의 추론을 확인하듯 거꾸로 줄기를 세면서 새롭게 숫자를 적었다. 6, 5, 4, 3, …….

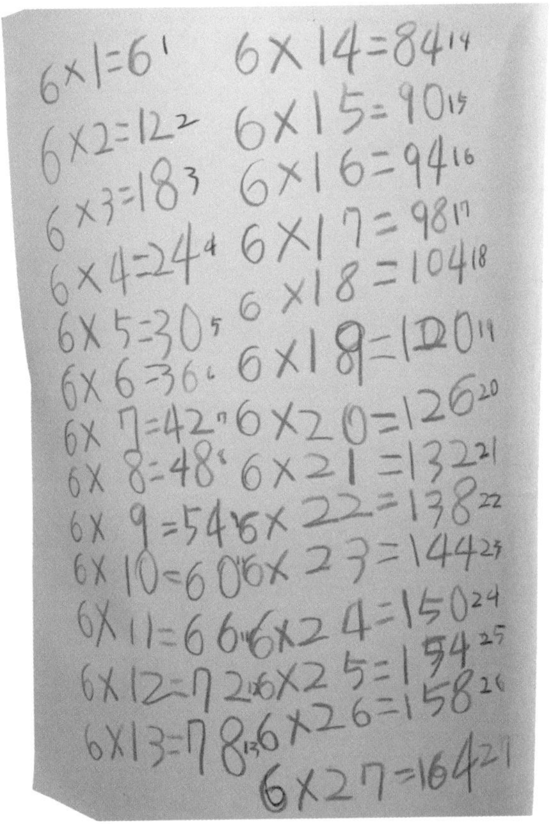

그림11. 이 아이는 잠시 자신이 쓴 것을 들여다보다 공책을 앞으로 넘기더니, 전 시간에 정리한 6단을 살폈다. '아하!' 이제야 깨달은 듯 옆에 숫자를 거침없이 적기 시작했다. "6은 6이 1개입니다. 그래서 6×1. 12는 6이 2개입니다. 그래서 6×2." 주홍색으로 쓰인 숫자와 아이가 쓴 보라색 숫자는 같지만 색연필의 색만큼이나 전혀 다르다. 나는 마침 바로 옆에 앉아 있다가 감동스러운 이 장면을 지켜볼 수 있었다.

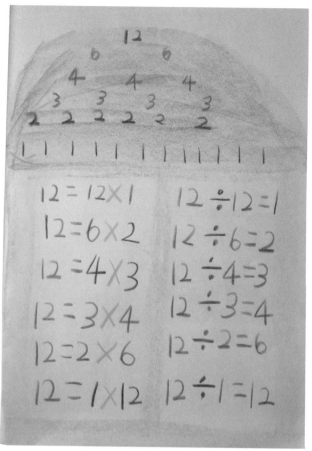

그림12. 맨 위층에서 내려오면 12를 같은 수로 가르기, 아래층에서 올라가면 12를 만들기 위한 같은 수 모으기. 가르기는 나눗셈이 되고, 모으기는 곱셈이 된다. 덧셈과 뺄셈이 같이 동시에 진행되듯 곱셈, 나눗셈도 마찬가지다. 아이들은 네 가지 기본 연산이 무엇을 의미하는지 익히며 이를 도구로 삼아 서서히 사회적 관계에 진입한다.

정에서 수학은 아이의 성장을 도울 수 있다.

발도르프학교에서 구구단을 하는 이유는

구구단을 외워서 곱셈을 빨리 하려는 것이 아니다. 오히
려 외우지 않아도 된다고 말하고 싶다. 구구단이 연산에
유용한 것은 맞지만 반드시 외워서 적용해야 할 이유는
없다. 이제 겨우 아홉 살 아이에게 의미도 없고, 필요도
못 느끼는 100여 개 계산 값을 달달 외우라는 건 무리가
아닐까?

　그래서 차라리 아이들이 자기가 만든 곱셈표를 만들
어 가지고 다니면 어떨까 하는 생각도 해 보았다.* 5단까
지는 리듬 활동으로도 충분히 받아들이니 그 정도는 외
우더라도 6단부터는 곱셈을 공부하며 나온 결과를 정
리해서 표로 만들어 마치 중세의 회계사처럼 들고 다니
며 필요할 때마다 꺼내 쓰는 거다.

* 특히 '10분 안에 풀기' 이런 문제는 '구구단을 얼마나 잘 외우느냐'를 시
험한다. 주객이 전도되었다. 물론 기술적인 연습도 필요하다. 3학년 말에
는 대부분의 아이들이 표가 없어도 주저하지 않고 곱셈이 되어야 한다.
언제까지 3+8을 손가락으로 셀 수 없듯이. 문제는 너무 이른 시기에 기술
부터 익히려 한다는 점이다. 자연수의 곱셈은 아이들이 10의 자리에 쓰
여 있는 3이 30이고 100의 자리에 쓰여 있는 3이 300이라는 걸 이용하여
계산을 자유롭게 마음껏 시도해 보는 게 우선이다. 이 과정에서 이미 외
운 구구단을 쓰는 게 얼마나 유용한지 알고 아직 익숙하지 않은 구구단을
외우는 게 편리하겠다는 생각이 들도록 하는 게 교사의 역할이다.

예를 들면 6단은 6×6부터 찾으면 된다. 6×5까지는 5단에서 같은 값이 나오는 것을 발견하면 그 다음부터는 5단으로 해결한다. 마찬가지로 6×4는 4단에서 찾으면 된다. 6×6은 6×5의 값에서 6을 더하면 된다. 이런 식으로 채우다 보면 7단은 7×6에서 7을 더하는 7×7부터 구하면 된다. 이렇게 되면 덧셈의 교환 법칙도 알아챌 수 있고 덧셈의 반복이 곱셈이라는 사실에도 익숙해진다. 가령 7×7을 표 없이 구하고자 한다면 구구단 중 7이 들어가는 것을 찾는다. 만일 4×7을 기억한다면 7×4로 바꾸고 28에서 시작하여 7을 더해서 35, 다시 7을 더해서 42, 한 번 더 7을 더하면 49!

아이들의 연산 과정을 살펴보면 구구단을 다 외운다고 곱셈이 되는 것도 아니다. 외운 구구단을 적용하기 위해 다시 훈련해야 한다. 그 기간이 거의 1년이 걸리는데 위의 방법으로 이 기간만큼 연산을 연습한 아이들은 조금 늦더라도 아무리 큰 수나 복잡한 수의 계산에도 흔들리지 않는다. 실제 4학년이 될 무렵이면 대부분이 외워서 연산에 적용하게 된다. 구구단을 외우지 못해서 곱셈을 못 하는 게 아니다. 곱셈을 적용할 준비가 아직 되지 않은 아이들에게 이 작업은 "속히 수포자가 되게 하소서!"라는 주문으로 받아들여지니 결국 수학을 싫어하게 만드는 이유가 될 뿐이다.

수학은 보이는 음악, 음악은 들리는 수학이라 한다. 구구단은 곱셈의 수월성을 위해 숫자를 외우는 작업이 아니라 수학과 음악의 관계를 잘 보여 주는 주제다. 그러니까 우리 몸에서 일정하게 울리는 심장의 고동 소리와 맥박이라는 태초의 음악이 존재하고 그 규칙적인 리듬을 보여 주는 실체가 구구단이다. 다른 어떤 리듬 활동보다 구구단은 음악적이며 그 속의 규칙과 변화가 아이들에게 잘 어울린다.

그래서 구구단은 뛰어 세기에서 시작한다. 단순하게 "삼일은 삼, 삼이 육……." 또는 "사일은 사, 사이 팔……."처럼 그저 암송하는 게 아니라 3에서 6까지 가는 시간과 4에서 8까지 가는 시간의 흐름을 느끼도록 한다. 원을 만들어 천천히 또는 빨리 음악에 맞춰 걸으며 몸을 깨우다가 둥글게 앉는다. 아이들이 차례로 1, 2, 3을 세는데 세 칸 건너 한 사람씩 박수를 친다. 조용한 공간, 모두 둘러앉아서 함께 숫자를 세어도 되고 어느때는 마음속으로만 세면서 자기 차례가 되었을 때 숫자를 말하기도 한다. 이렇게 되면 친구들의 목소리를 들으며 숫자 사이의 간격을 느낀다. 건너뛰는 숫자가 커지면 친구들의 목소리를 오래 기다려야 들을 수 있다.

여러 박자의 노래를 하면서 일정한 간격마다 콩 주머니를 받게 할 수도 있다. 기다리는 아이들은 시간을 느끼게 된다. 이렇게 시간을 박자로 만들어 본다. 어느 정도 익숙해지면 두 모둠으로 마주 서서 1부터 속으로 세는데 한 모둠은 3씩, 다른 모둠은 4씩 뛰며 박수를 친다. 두 모둠이 동시에 박수를 치게 되면 멈춘다. 세 번째 동시에 칠 때 멈추라는 식으로 변형하기도 한다. 이 글을 쓰는 동안에도 서로 엇갈리며 리듬을 타던 경쾌한 박수 소리가 귀에 들리는 듯하다. 이런 활동은 어른들에게도 권한다. 회의를 하기 전 세 그룹으로 나눠 3, 4, 5단으로 박수를 치면 어떨까? 동시에 소리가 나면서 고요해지는 순간 마음이 하나가 된다.

또 직접 움직이면서 같아지는 수에서 실제 만나는 활동도 있다. 교실 바닥에 한 변이 두 걸음 정도 되는 길이의 삼각형과 사각형을 그린다. 이때 두 도형의 한 꼭짓점이 한 점에서 만나게 한다. 그런 다음 두 사람이 나와 한 사람은 삼각형의 변 위를, 다른 사람은 사각형의 변 위를 움직이되, 규칙은 숫자 하나에 꼭짓점 하나씩 이동한다. 나머지 아이들은 둥글게 둘러앉아 1, 2, 3, 4……를 세고 두 친구는 두 도형이 만나는 한 점에 같이 서 있다가 동시에 도형 위를 움직인다. 처음 출발한 꼭짓점으

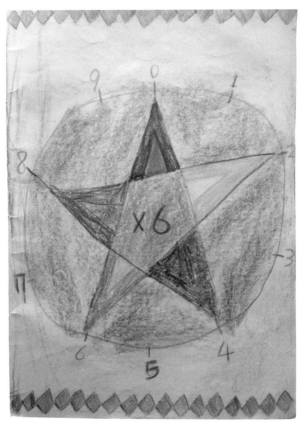

그림13. 시간의 간격은 공간에서 거리로 보인다. 열 명이 원을 그리고 서서 여섯 칸씩 건너 있는 친구에게 콩 주머니를 던져 준다. 제자리로 올 때까지 활동을 한 다음 자리에 앉아 방금 콩 주머니가 움직인 경로를 그린다. 4단도 같은 방법으로 그리면 6단처럼 별 모양이 그려진다.

로 돌아오는 숫자의 간격이 한 사람은 3의 배수이고, 다른 사람은 4의 배수이니 쉽게 만나지 않는다. 게다가 실수로 숫자를 놓치면 영원히 못 만나며 돌게 된다. 여러 번 시도 끝에 드디어 두 친구가 만났을 때 교실에선 환호성이 일어난다.

"어, 선생님, 애들이 만나는 게 12, 24 이렇게 돼요."

"아니에요. 아까는 22에서 만났어요."

잘못 돌며 만난 경우가 있었으므로 동의하지 않는 친구들이 있었다.

"그래? 그러면 우리 다시 한번 해 볼까?"

진지하게 점검에 들어간 아이들은 이 가정이 맞았음을 발견했다.

"그렇지, 3단에도 12가 있고 4단에도 12가 있잖아."

여러 움직임을 통해 리듬을 익히고 그 리듬은 수가 되어 규칙을 알려 준다. 아이들에게 수는 아직도 실제다. 만지고 들으며 느낄 수 있을 뿐 아니라 시간과 공간의 흐름과 움직임도 그들에게는 실제다. 구구단은 다양한 감각을 실제로 경험하고 수로 옮기는 작업의 중심에 있다.

3장

벼 한 포기에서 수를 발견하다

나는 이 땅에 발을 딛고 섰어요

앞에서 수리적 감각을 받아들일 준비를 마무리하는 시기라 했던 열 살 아이들의 특징은 무엇일까? 어느 시기나 중요한 변화가 있지만 이 나이의 아이들에게는 특이한 변화가 있다. 바로 젖니가 거의 빠지고 대부분 영구치가 자리 잡는다는 점이다. 젖니는 아이가 태아 때 어머니로부터 받은 선물이다. 세상에 태어나 자신이 스스로 호흡하고 먹고 소화하며 성장하면서 새로운 이가 돋아나 젖니와 교체된다. 이는 신체가 이제야 비로소 부모에게서 분리된다는 신호다. 이때 아이는 세상에 홀로 남겨지는 듯한 당혹감과 고독을 느낀다고 한다.

우리 딸아이가 열 살이 되던 해에 겪었던 일이다. 생일 다음날 아이는 학교에 가면서 나에게 '딸이 십대가 되었다고 자랑하시라'고 했다. 그날 저녁, 전날 생일상에 놓았던 음식을 다시 데워서 먹었는데 공교롭게도 아이와 내가 장염에 걸렸다. 생일 음식을 재사용한 탓이라 여긴 나는 아이가 측은해져 곁에서 재우며 유난스럽게 다독거렸다. 장염은 금방 나았으나 아이가 기운을 차리지 못했다. 이후 아침이면 갑자기 엄마랑 있겠다면서 학교에 안 가겠다고 울기에 어리광이라 여기고 억지로 학교에 보냈다. 그런데 학교에서 돌아와서는 친구들이 보고 싶다고 울었다. 이것이 반복되었고 급기야 아이가 너무나 좋아하는 외할머니 댁에 보냈으나 거기서는 엄마가 보고 싶다고 울고, 집에 돌아와서는 다시 할머니가 보고 싶다고 울었다. 그냥 눈물이 난다고 했다. 그렇게 3주 정도 지났을까? 아침에 눈을 뜬 아이는 놀랍게도 예전의 상냥하고 밝은 모습으로 돌아왔다. 마치 꿈이었던 듯 본인도 왜 그랬는지 모르겠다고 했다. 이후로는 수월하게 성장했다. 돌이켜 보면 그때 딸아이는 미처 준비하지 않은 채 맞이하는 첫 번째 독립이 불안하고 우울했던 건 아닐까? 내가 그 때 열 살의 고독을 이해했다면 그렇게 조급하고 당황하지 않았으리라는 아쉬움이 있다.

세상과 하나였던 어린 시절이 끝나고 신체적 분리와 함께 본격적으로 독립을 준비하게 되는 이 시기, 교육은 어떻게 이들을 도울까? 말 그대로 이제 스스로 이 땅에 발을 딛고 설 준비가 된 이들은 부모나 주위와 점점 거리를 두며, 문득 깨닫게 된 이 세상에서 어떻게 살아가는지에 대한 호기심이 많아진다. 그렇기 때문에 3학년의 교과는 먹을 것과 살아가는 데 필요한 것들을 만드는 실질적인 삶의 기술을 익히며 세상에 뿌리내릴 수 있도록 해야 한다. 이곳 아이들은 봄에 모를 심으며 첫 농사를 시작하고 작지만 터전을 닦고 벽돌을 쌓아 집을 만드는 등 일 년 동안 힘써 일한다. 그래서 발도르프학교에서는 3학년을 '담임 과정의 꽃*'이라 한다.

수학은 '측정'이라는 수업을 통해 아이들을 세상과 연결한다. '이 세상이 얼마나 길까?', '이 세상의 것들은 얼마나 무거울까?' 하는 질문을 던지고 나를 중심으로 길이, 들이, 무게의 기준을 찾아간다. 이 수업은 학기마다 한 번씩 모두 두 번 진행되며 '시간'과 '돈'을 포함하여 모두 다섯 가지 주제를 다룬다. 이 수업이 마무리될 즈음이면 아이들은 내가 배우는 수학이 참으로 나를 돕고 있으며 편리한 도구를 제공하고 있음을 알게 된다.

---

* 3학년의 주기집중수업은 집짓기, 수공업, 농사, 측정 등 실질적인 삶의 기술을 익히는 과목들로 구성되어 있다. 대부분이 바깥에서 이루어지는 데 땀 흘려 일하고 계속 몸을 움직이며 작업을 반복하는 등 고달프지만, 이 시간 이후의 수업은 오히려 매우 좋은 기운으로 진행이 되어서 교사들이 신기하게 여긴다.

그림14. 3학년 아이들이 한 해 동안 가꾼 벼를 수확하여 트럭으로 나르고 있는 장면 중 일부. (사진_푸른숲발도르프학교 홈페이지)

에라토스테네스의 후예들

"오늘은 여러분과 올챙이산까지 걸어갔다 올 거야."

"어, 논에 가요?"

"논에 가는 건 아니고 산책을 하면서 아주 새로운 일을 하나 할 거야. 교실에서 신발을 신고 나가서 현관부터 올챙이산까지 몇 걸음인지 세어 보는 거야. 친구를 대신 할 수 없고 반드시 내 걸음으로 갔다 와야 해."

학교에 작은 뒷동산이 있는데 언제부터인지 우리는 그곳을 올챙이산이라 부른다. 상당히 경사가 높은 길을 구불구불 150여 미터 올라가면 넓은 평지가 나온다. 그곳을 개간하여 논농사를 짓고 있는데 주변에 작은 웅덩이들이 많이 있다. 봄이면 그 웅덩이에 올챙이가 오글오글하다. 뒷다리가 쏘옥 나온 올챙이, 앞다리까지 나온 형님 올챙이. 아이들에게 올챙이산으로 불리는 이유다.

게다가 사마귀, 방아깨비 등이 늘 반기니 아이들에게 천국과도 같은 곳이다. 매일 가도 좋은 곳인데 수업 시간에 다녀오라니. 몇 걸음인지야 세어 보면 될 것이고 쉽게 할 것 같았나 보다. 걸어서 지구의 크기를 잰 에라토스테네스*처럼 아이들은 뚜벅뚜벅 힘차게 걸어 나갔

---

* 기원전 200년 전후 살았던 그리스의 수학자이자 천문학자다. 자연수 중 소수를 구하는 법으로 그가 고안한 '에라토스테네스의 체'가 유명하다. 에라토스테네스는 하짓날 정오 시에네의 한 우물에 해가 바닥까지 비친

다. 그러나 돌아올 때는 줄이 길게 늘어졌고 마지막 아이가 교실에 들어오기까지 생각보다 시간이 오래 걸렸다.

"이제 어떻게 걸음을 재었는지 말해 줄래?"

"선생님, 저는 열심히 세었는데 자꾸 잊어버려서 못했어요."

"저는 열 걸음에 돌멩이를 하나씩 주워서 주머니에 넣었는데 빠져서 없어졌어요."

"선생님, 저는요. 잊어버릴까 봐 올라갈 때 오십 걸음에 돌 하나씩 놓고 내려올 때 세어 보았어요."

"좋은 방법인 걸! 그런데 내려올 때 그 돌을 다 발견했니?"

"…… 아니요, 누가 돌을 차 버렸어요."

"오른손가락으로 세어서 10이 될 때마다 왼손가락을 하나씩 접었어요."

"모두 열심히 했구나. 그런데 소진이와 영찬이는 걸음 수의 차이가 많이 나네."

다는 사실을 알고 알렉산드리아와 함께 시에네의 거리와 남중고도를 이용하여 지구의 둘레를 구했다. 그는 두 도시의 거리를 동서로 흐르는 나일강변을 따라 있는 직선도로를 도보로 걸어 잰 것으로 알려져 있다. 이 사실을 소재로 소설가 드니 게즈는《머리털 자리》(이지북, 이세욱 옮김)라는 소설을 써서 상세하게 묘사했다. 참고로 드니 게즈는 수학의 대중화를 위한 소설인《앵무새의 정리》,《수학자의 낙원》등을 쓴 이다. 프랑스 파리8대학의 과학사 교수였고 수학자, 역사학자, 소설가, 시나리오 작가 및 영화감독 등 다양한 방면에서 활동했다.

"선생님, 영찬이는 막 뛰었어요. 내려올 때는 더 크게 뛰었어요."

"하하, 그렇구나! 누구는 크게 뛰고 어떤 친구는 작게 걸었으니 이렇게 걸음 수가 많이 차이 나게 된 거지. 자, 그러면 오늘은 이만 하고 각자 자기의 거리를 공책에 정리해 볼까?"

꽤나 먼 거리를 다녀오면서 걸음걸이를 세는 것만으로도 아이들에겐 도전이었다. 긴 여정을 끝내고 교실로 돌아와 모두 몇 걸음이었는지 적고 어떻게 세었는지 자기 방법도 적는다. 친구들끼리 비교해 보면 생각보다 차이가 많이 나며 그 이유에 할 말도 많다. 측정 첫 수업에서 아이들이 감당하기 어려운 거리를 갔다 오라고 한 것은 이런 혼란을 의도하여 제안한 것이다. 이럴 때 그들은 생각한다. '이 문제를 해결하려면 나에게 무엇이 필요한가?'

다음 날은 운동장을 재 보았다. 이번에는 너무 크거나 작게 걸음을 걷지 않기로 하고 측정을 했더니 대략 26걸음에서 32걸음 정도에서 자료가 모였다. 이날은 종이와 연필을 가지고 나온 아이가 최고 인기였다. 먼 거리인 올챙이산을 다녀오며 여러 가지 아이디어가 나왔으나 대부분 실패로 끝나면서 이 아이는 잊어버리지 않

그림15. 이번엔 교실의 물건들이다. 크기가 작아서 손의 마디를 이용하여 좀 더 세밀하게 잴 수 있다. 그런데 책상의 예처럼 마디의 수가 다르게 나오기도 한다. 만일 집짓기에서 이런 일이 생긴다면? 이 문제를 해결하려면 우리에게 뭐가 필요한가? 아이들이 합의된 기준을 만들어야 한다는 다급함이 생겼다. 집짓기는 수학 수업을 도왔다. 교과는 이렇게 서로 연결된다.

기 위해 가장 효율적 도구인 기록을 선택한 것이다.

측정을 할 대상의 규모가 작으면 손의 뼘으로 길이를 잰다. 하지만 아무리 조심하더라도 각각의 손과 발걸음이 차이가 있다 보니 측정의 결과는 제각각이었다. 아이들이 이런 혼란을 정리하고 싶어 할 즈음 기준을 정해서 '우리 반의 공통 자'를 만든다. 예를 들면 어느 한 아이의 한 뼘을 '우리 반의 뼘'으로 정하거나 적당한 거리를 '우리 반의 한 걸음'으로 정하기도 한다. 하지만 아무리 한 반에서 통일된 값이라도 그 교실을 나가면 아무런 소용도 없다. 그렇다면 누구에게나 통하는 길이는 무엇일까. 친구들과 소통하던 아이들이 세상과 소통하려는 욕구가 생긴다. 공통의 자를 만들고 여러 아이디어가 쌓일 즈음 교사는 미터자를 소개한다. 교실에 들어오는 교사의 손에 들려 있는 자를 보면 아이들이 흥분한다.

"얘들아 이게 '미터자'라는 거야. 이 세상 사람들이 대부분 이 자를 사용해. 여기서 1미터면 아프리카에서도 1미터가 되는 거야."

아이들 속에서 "아!" 하는 탄성이 나온다.

"이게 바로 형에게서 들었던 그 황금자구나!"

매년 5월 즈음이면 나의 노란색 칠판용 미터자가 3학년 교실에 가서 엄청난 환대를 받고 온다. 강력한 도구를 손에 쥔 아이들은 교사가 제안하지 않아도 이제까지 애매했던 길이를 해결하기 위해 교실의 온갖 물건에 '자'라는 기구를 들이댄다. 적당한 시간이 되면 미터자 안에 그려진 작은 눈금에 관심이 갈 때 교사는 센티미터에 대해 설명한다.

"얘들아, 이 자에 있는 작은 눈금이 보이니? 우리가 더 정확하게 잴 수 있도록 돕기 위해 사람들이 이런 걸 생각해 냈어."

"사람들은 정말 지혜롭네요. 이렇게 편한 도구를 만들어 내다니!"

모든 측정은 나로부터 시작하여 사회적 기준까지 나아갔고 이제 그 기준과 내가 만나게 되었다. 이렇게 수업은 늘 나에게서 나아가 세상을 만나고 다시 돌아온다.

이처럼 측정은 적극적으로 아이들의 관심을 삶과 연결시킨다. 무게도 마찬가지다. 수업의 시작에서 주변에서 흔히 보이는 물건들, 특히 감자나 양파 등 손에 쥐어지면서 적당히 무거운 물건들을 양 손에 놓고 어느 쪽이 무거운지 느껴 본다. 그러다 마치 내 몸이 양팔저울이 된 것처럼 서로 같게 만들려면 오른쪽 손에 무엇을 더 얹어 볼지 의논한다. 당연히 서로 다르게 나오는 결과를 맞춰 보며 "역시! 우리에게 기준이 될 만한 도구가

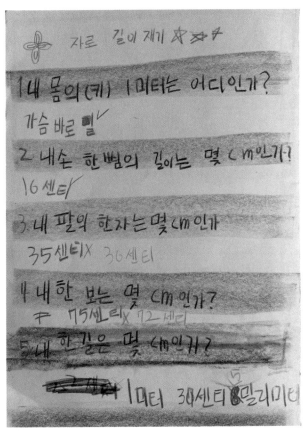

자로 길이 재기

1 내 몸의 (키) 1미터는 어디인가?

가슴 바로 밑

2 내 손 한 뼘의 길이는 몇 cm인가?

16센티

3 내 팔의 한 자는 몇 cm인가

35센티X 30센티

4 내 한 보는 몇 cm인가?

75센티X 72센티

5 내 한 길은 몇 cm인가?

1미터 30센티 8밀리미터

그림16. 이 아이는 새롭게 알게 된 단위로 정확하게 자신의 몸을 재고 싶었나 보다. 하지만 측정을 할 때마다 값이 다르다. 이런 오차를 힘들어하는 고민이 고스란히 드러나 있다. 이제 이 아이는 16cm 자를 내 몸에 가지게 되었다. 탈레스는 자신의 키를 이용해 피라미드 높이를 재었고 에라토스테네스도 팔을 뻗어 엄지손톱에 가려지는 달을 측정해 지구와 크기를 비교했다. 수학적 사고는 이렇게 자라난다.

필요하겠구나!" 하는 생각에 이르면 저울을 가지고 와 사용하며 킬로그램과 그램*의 단위를 알아 간다.

이때쯤 되면 농사를 지으러 갈 때 들고 가는 모든 물건의 무게를 알고 싶어 한다. 퇴비 한 자루를 들어 보면서 몇 킬로그램인지 가늠해 보고 적혀 있는 무게를 확인하면서 누가 더 정확하게 맞혔는지 놀이처럼 이야기한다. 또 물 한 양동이의 무게, 벽돌 한 개의 무게도 궁금해한다. 이때도 놓치지 말아야 할 점은 내가 스스로 측정할 수 있다는 점을 아이들이 인식하는 것이다.

한 개의 감자가 몇 그램일까? 저울에 재는 이유는 눈금 보는 기술을 익히려는 것이 있지만 정말로 감자의 무게를 감각적으로 알려는 목적도 있다. 감자의 무게만 알고 있으면 나머지는 들어 본 뒤 감자와 비교해서 가늠할 수 있으니까. 미터법의 계산은 쉽게 하면서, 늘 가지고 다니는 공책이 몇 센티미터인지 가늠할 수 없다면 무슨 소용이겠는가. 내가 세상의 기준을 받아들임과 동시에 나는 세상의 잣대가 되었다!

집짓기를 하면서 측정 기술은 계속 이용된다. 터전을 평평하게 다듬는 일과, 지붕을 얹기 위해 네 기둥을 세

---

* 엄밀히 따지면 질량(mass)과 무게(weight)를 구별해야 하지만, 여기에서는 일상생활에서처럼 사용하였다.

그림17. 흙벽돌 올리기. 집을 짓기 위해 같은 크기의 흙벽돌이 필요하다. 흙벽돌이 일정한 크기라는 것을 어떻게 알 수 있을까? 눈으로 구별이 되지만 이 벽돌을 필요한 자리에 갖다 놓기 위해 들고 움직이면서도 알 수 있다. 지금 내가 들고 있는 벽돌이 기준에 비해 얼마나 무겁거나 가벼운가? 질문은 아이 스스로의 경험에서 나온다. 사진은 수학 수업이 아닌 집짓기 수업의 장면이다. 측정하며 배운 기술이 자신들의 보금자리를 만드는 데 고스란히 쓰인다. (사진_ 푸른숲발도르프학교 홈페이지)

우면서 길이를 재고 자르는 일을 통해 손의 감각이 예민해졌다. 그로 인해 벽돌의 무겁고 가벼운 정도로 크기를 가늠할 수 있고, 물 한 양동이와 진흙 한 양동이의 무게 차이가 엄청나다는 것을 알았다. 또한 어떤 모양의 통이 흙이나 물을 가장 많이 담을 수 있는지도 알았다.

또한 밥을 할 때 물이 얼마나 필요한지 $150ml$의 우유 통과 비교하면서 알았다. 작은 우유 통으로 $1.5 \, l$ 짜리 통에 물을 가득 채우려면 귀찮을 정도로 여러 번 반복해서 부어야 한다. $1.5 \, l = 150ml \times 10$의 의미는 이런 거다. $1kg$을 말할 때와 $10kg$을 말할 때 그것의 차이가 엄청나다는 것. '$10kg - 1kg = 9kg$'의 계산값이 자신이 들 수 없는 무거운 무게임을 느낀다. 혼자 들기 어려운 물건을 친구와 나누어 들었고 그 친구가 무게를 덜어 주어서 내가 든 물건이 얼마나 가벼워졌는지 알았다. 아이들에게 '안다'는 것이 삶 전체로 퍼져 수업이 이루어진다면 수학을 배운다는 것은 참으로 가치 있는 일이 아닐까?

이후 가을이 오면 시간과 돈을 측정하는 수업을 한다. 아이들에게 이 주제가 좀 어려워 미뤄진 면도 있지만, 1년 농사를 추수한 다음 작업들과 잘 맞아 떨어져서다. 그냥 사람이 살아가는 이야기를 과목별로 나눈 것이니 이걸 다시 통합하는 건 당연해 보인다.

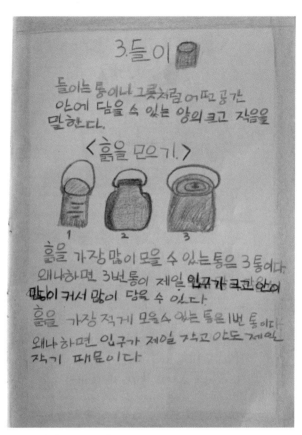

그림18. 집짓기 수업 중 흙 모으기를 한 후 정리한 공책이다. 세 개의 통 중 어느 통에 흙을 가장 많이 담을 수 있는지 알 수 있을까? 사실 공책에 그려진 모양만으로 들이를 가늠할 수는 없다. 그렇지만 이 아이는 3번 통으로 흙을 가장 많이 모아서 옮겼고 나름의 이유도 적어 넣었다. 이처럼 경험은 개인의 고유한 영역이므로 몸의 기억으로 오래 남는다.

시간의 흐름을 잘 보여 주는 건 날씨고 농사다. 이 수업을 위해 아이들에게 자기가 태어난 때를 '날짜가 아닌 자연 환경'으로 묘사해 오라고 했다.

"내가 태어났을 때는 나무에 잎이 많이 달려 있었고 봉숭아꽃이 있었대요. 그래서 엄마가 그걸로 손톱에 봉숭아물을 들였는데 나중에 내가 나왔대요."

"어, 우리 엄마도 봉숭아꽃 얘기했는데!"

요즘 아이들은 이미 시계까지 볼 줄 아는데 학교에서 시계 보기를 가르치는 이유가 무엇일까? 물론 잘 모르는 아이들이 이 기능을 익히는 것은 좋다. 하지만 시계를 잘 보는 아이들조차도 한 해나 하루의 때를 잘 못 느끼는 것은 마찬가지다. 그래서 수업에서는 시계 보는 법, 시간 계산, 분과 초의 변환을 후반부로 미루고, 놓쳐 왔던 감각을 되살리는 시도를 한다.

달력이 없다면 우리는 1년 전의 오늘이 다시 돌아왔다는 걸 어떻게 알까? 마찬가지로 시계 없이 하루의 일과를 지낼 수 있을까?

"애들아, 우리에게 시계가 없다면 점심 먹을 시간은 어떻게 알 수 있을까?"

"배가 고프면 알 수 있어요."

"식당에서 음식 만드는 냄새가 올라와요. 아, 벌써 배

1월은 땅이 꽁꽁 언 달

2월은 냉이가 나오는 달

3월은 씨를 뿌리는 달

4월은 모를 심는 달

5월은 날씨가 조금씩 더워지는 달

6월은 나뭇잎이 무성해지는 달

7월은 장마가 오는 달

8월은 해바라기가 피는 달

9월은 단풍이 빨갛게 물드는 달

10월은 추수하는 달

11월은 첫눈이 내리는 달

12월은 동물들이 겨울잠을 자는 달

그림19. 시간을 주제로 한 수업에서 만든 달력. 무엇보다 감자를 캔 기억이 강해서인지 한해살이달력의 이름을 굳이 '감자농사달력'이라는 제목을 붙였다. 아이들에게 한 해란 땅의 돌을 고르고 씨를 뿌리고 추수를 하는 행위이다.

고프다."

"그러면 지금 하는 수업이 끝날 때가 되었다는 것은 어떻게 알 수 있지?"

아이들은 '태양'을 보고 안다고 했다. 아침마다 태양이 교실의 셋째 창문을 비추면 수업이 끝날 시간이다. 서로 말은 하지 않았지만 매일 같이 태양이 어디쯤에 가 있는지 살피고 있었던 모양이다. 그들에게 교실 창문은 또 하나의 시계였다. 이 수업 장면은 7학년 천문학에서 다시 재현된다. 긴 막대기를 세워서 시간마다 그림자의 방향과 길이를 매일 관찰한다. 열 살 즈음에 자연의 현상과 나의 감각을 연결했던 경험이 씨앗이 되어 열네 살 청소년들은 이 현상을 분석하며 사고의 힘을 키우게 된다.

계산력은 경험에서 성장한다

측정의 또 다른 주제인 '화폐'와 '계산력을 키우는 연습'은 '농사' 수업의 도움을 받는다.

대안학교가 대부분 그러듯 우리도 가을이 되면 농사 지은 배추와 무로 김치도 담고, 아이들이 추수한 쌀로 떡도 해 먹고 점심 급식으로 쓰기도 한다. 벼를 거둬 말리느라 이삭을 널어놓으면 저절로 궁금해진다. 얼마나 많은 쌀이 될까? 쌀의 양을 개수로 알 수 있을까? 어떻게 셀 수 있지? 내가 어렸을 때는 '되'라는 단위가 있었다. 가게 주인이 듬뿍 그 통에 쌀을 담는데 자꾸 흘러내려도 담고 또 담으며 마음을 보여 주었던 기억이 난다.

시장놀이에서는 밥 한 공기를 기준으로 화폐를 정하기로 해서, 밥 한 공기의 값을 알아보기로 했다. 이때부터 아이들은 엄청난 계산과 여러 계산 단계를 밟아나갔다.

첫 번째 단계, 수확하여 탈곡한 쌀알의 개수 알아보기. 모둠을 나눠 친구들이 조금씩 세어 더한다. 그래도 작은 쌀알을 세려면 어림을 동원해야 한다. 너무 힘드니 작전을 세워서 작은 우유 통에 들어가는 쌀알의 개수를 세어 나머지는 곱한다.

두 번째 단계, 밥 한 공기에 담긴 쌀알의 개수 알아보기. 우선 아이들은 공기에 가득 든 쌀이 밥 한 공기가 되는 게 아니라는 신기한 사실을 발견했고, 그 이유는 물이 들어가 쌀이 불어서 그렇다는 결론도 얻었다. 그래서 내가 먹을 밥 한 공기가 될 쌀이 몇 줌인지 알아 온다. 가족이 다섯 명이면 한 끼 쌀이 몇 줌인지 찾고 5로 나눈다. 이 경험은 이후 먼 여행을 갔을 때 상당히 유용했다. 얼마나 쌀이 부풀게 되는지 알고 150ml 우유 통과 밥공기의 관계도 알고 있으니 실수를 줄일 수 있었다.

세 번째 단계, 우리가 농사 지은 쌀로 우리 반 아이들이 얼마나 먹을 수 있는지 알아보기. 쌀의 개수를 어림으로라도 알았으니 밥 한 공기에 들어가는 쌀의 개수로 나누면 된다. 계산의 결과는 '겨우' 16공기였다. 일주일도 못 먹을 양이다.

네 번째 단계, 이제 밥 한 공기의 값을 구할 차례다. 쌀 20kg의 값이 얼마인지 알아보니 천차만별이었는데, 대략 6만원 하는 것으로 정했다. 이때쯤 작전을 바꾸었다. 쌀알의 개수를 세지 말고 그냥 무게로 계산하기로 했다.

밥 1공기는 쌀 3줌입니다. (기준)

밥 25공기는 쌀 75줌이고 2킬로그램입니다.

(기준의 25배)

밥 100공기는 쌀 300줌이고 8킬로그램입니다.

(기준의 100배 또는 바로 앞 문장에서 나온 값을 4배 한다.)

밥 125공기는 쌀 375줌이고 10킬로그램입니다.

(기준의 25배인 값과 기준의 100배인 값을 더한다.)

밥 250공기는 쌀 750줌이고 20킬로그램입니다.

(바로 앞 문장에서 나온 값을 2배 한다.)

밥 250공기가 20킬로그램이고 쌀 20킬로그램은 60,000원이므로 밥 1공기의 값은 60,000을 250으로 나

그림20. 3학년이 되면 큰 수를 만난다. 이제까지는 자신들의 활동을 식으로 바꿔 계산했으므로 큰 수를 만날 기회가 없었다. 그러나 세상에는 그들의 경험을 넘어서는 범위의 수가 무수히 많다. 따라서 2학년까지 덧셈과 뺄셈 그리고 곱셈에서 세자리수까지 다룬다. 빨리 계산할 필요는 없으나 큰 수에 대한 부담을 줄이기 위해서이다.

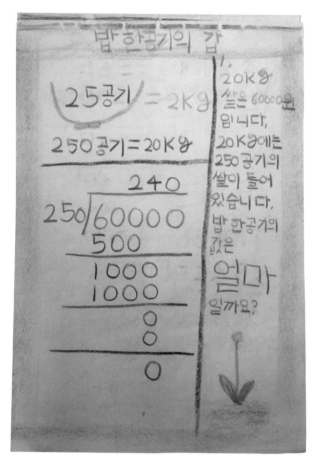

밥한공기의 값

25공기 = 2kg

250 공기 = 20kg

       240
250 / 60000
     500
     1000
     1000
       0
       0
       0

1.
20kg 쌀은 6000원 입니다. 20kg에는 250 공기의 쌀이 들어 있습니다. 밥 한공기의 값은 얼마 일까요?

그림21. '밥 한 공기의 값은 얼마일까?' 여기에 쓰여 있는 '밥 한 공기'는 여러 의미가 담겨있다. 한 해 동안 정성껏 키운 벼에서 나온 쌀알. 그 쌀로 만든 밥. 그러니까 한 공기에는 한 해 동안의 햇빛과 바람과 땅이 나와 함께 한 시간과 땀이 들어 있다. 그런데 이 값이 240원이라니!

누면 됩니다.

그래서 60,000÷250=240,

밥 1공기의 값은 240원입니다!

이 과정 동안 교실에서 다룬 수의 범위는 순식간에 확장되었는데 그 장면을 글로 담지 못하여 아쉽다. 그러나 아이들은 밥 한 공기의 값을 알기 위해 쌀알의 수를 헤아렸을 뿐 자신들이 10만 자리 이상까지 계산하고 있었다는 사실을 깨닫지 못한다. 그러다가 다음 날 공책을 보며 스스로 놀란다.

'내가 이 계산을 했어?'

세어 보지 않으면 내가 한 일이 얼마나 대단한지 모른다. 봄에 심은 작은 모에서 이렇게 많은 쌀이 나오다니. 여기서 끝내지 말고 다른 연산에 이 값을 활용하여 결론을 이끈다. 가득 쌓여 있는 쌀알이 몇 개인지를 지나 밥 한 공기까지 구했으니 아이들의 성취감은 대단하다.

'내가 해냈다!'

그러고 나면 큰 수를 보는 눈이 달라지고 그 수에 압도되지 않는다. 그래서 240원을 구하는 순간, 교실에선 함성이 터졌다.

240원은 아이들에게 또 다른 감정을 일으킨다. 시장

놀이를 할 때였다. 밥 1공기에 겨우 240원이라니. 밥 두 공기를 포기해야 500원 하는 크림빵 한 개를 살 수 있다. 필통에 들어 있는 물건을 장만하려면 몇 끼의 맛있는 밥을 포기해야 하는지. 게다가 자신들에게 주어진 화폐는 쌀 16공기에 해당하는 것뿐이었다. 10통의 물을 길어야 할 때는 10은 큰 수였는데 지금 나의 몫이 된 16공기는 얼마나 작은가! 농사를 지으며 흘린 나의 땀은 어떤 값어치가 있을까? 또한 16공기는 온전히 나의 것인가?

이 내용은 6학년 수학에서 백분율과 연결된다. 이후 6학년 교육과정을 다룰 때 주로 연산에 대해 소개하기 때문에 여기에서 간략하게 설명하겠다. 백분율은 많은 영감을 주는데 이 중 하나가 이자율이나 이윤의 계산이다. 이때 질문은 이런 종류다.

"꽃씨를 2,500원에 사 와서 싹을 틔우고 키웠다. 씨앗은 잘 자라서 모두 30개의 모종을 얻을 수 있었다. 마침 벼룩시장이 열려 이 꽃을 내다 팔려고 했다면 얼마에 파는 게 적당할까? 가격을 정하고 이윤이 몇 퍼센트인지 구해 보자."

"한 작가는 책의 인세를 정가 15,000원의 8퍼센트만큼 받는다고 한다. 만일 인세를 더 올린다면 얼마가 적당한가?"

꽃씨로 만드는 이유에 대한 질문에 아이들은 어떤 대답을 할 수 있을까? 500원씩만 받아도 모종이 30개면 15,000원이 생기니 이윤은 엄청나다. 얼마에 팔아야 적정한 이윤이 될까?

인세는 어떠한가. 작가는 한 번 글을 썼을 뿐인데 계속 인세를 받는 게 정당한지. 그렇다면 출판사는 나머지 92퍼센트를 가져가는 것이 정당할까?

씨앗을 사서 심고 돌보고 가꾸는 사람은 우리지만 그 싹을 틔울 수 있었던 건 농사를 지으며 알게 되었듯이 태양과 비 그리고 바람과 땅의 덕택이다. 그렇다면 우리의 몫은 얼마가 적당할까? 또한 작가가 쓴 글을 책으로 만드는 일을 하고 판매를 하는 출판사의 몫도 필요하다. 출판사에서 책을 만들려면 교정을 보는 사람, 디자인하는 사람, 인쇄하는 사람, 유통하는 사람도 있어야 하니 어느 것이 많거나 적다고 단순하게 볼 일은 아니었다. 이 생각은 꼬리를 물고 나아가, 인쇄소에서 찍어 내는 종이는 숲에서 왔고 배달하기 위해 자동차를 움직이려면 필요한 게 연료인데, 이것은 당연히 지구에서 왔으니 결국 이 세상 모든 것은 연결되어 있고 지구로부터 나오게 되었다는 것으로 귀결되었다.

이 질문들은 6학년 아이들에게 무엇이 옳고 그른지를 판단하라는 요구는 아니다. 자신의 생각이 정해지면 왜 그렇게 생각하는지 근거를 찾아 정리해 보는 연습이다. 아이들이 7학년 이상이 되면 사춘기에 진입하고 사회의 기준에 대한 인식이 선명해진다. 그렇기 때문에 이러한 가치관에 대한 질문에 자기 생각을 내놓지 않고 오히려 어른들이 옳다고 여기는 기준을 말해 버려 의미가 퇴색된다. 이에 반해 6학년 정도의 아이들은 내면에 떠오르는 그림을 솔직히 드러내는 경향이 있으므로 다양한 의견들 사이에서 균형을 찾아갈 수 있다. 이 질문은 이후 12학년 지리학에서 사회의 구성과 개인의 올바른 역할이라는 주제로 본격적으로 다룬다. 조금은 먼 미래를 위해 심어 놓은 씨앗이다.

2부

살아있는
사고의 형성

만물은 수학의 언어로 쓰여

합리적 질서와 조화 속에 움직인다.

이로 하여 진리에 다다른 이여

어두운 하늘의 장막을 걷어 낸 이여

사고의 힘으로 사슬을 만들어

산 위에 산을 쌓지 않고도

천상에 닿을 수 있구나.

8학년 수학 주기 집중수업의 열기시. 이때의 주제는 서로 관계있는 두 요소의 변화량으로 식을 세우기, 즉 연립방정식의 해석이다. 두 값이 어떻게 변하는지 관찰하여 관계식을 만들고 가장 적합한 값을 찾아내야 한다. 무수한 값의 후보 중 단 하나를 찾아내기란 여간 어렵지 않다. 이들 두 이원일차방정식을 연립하여 단번에 해결할 수 있는 힘은 수학이다. 이를 예측하는 인간의 사고는 또 얼마나 위대한가. 이와 같은 의도를 담았다.

2부에서는 5학년부터 8학년까지 배우는 수업을 소개한다. 이 시기는 제목처럼 수학 교육의 최종 목적인 '사고하기'로 가기 위한 중요한 단계다. 흔히 5학년 나이 아이들이 가장 조화로운 형상을 가졌다고 말한다. 바꿔 말하면 5학년이 채 지나기도 전에 이런 균형이 깨져나간다는 의미다. 저마다 조금씩 다르지만 빠른 아이들은 6학년이 되면 이미 변화가 밖으로 드러난다. 그 신호는 맨 먼저 남학생들의 목에서부터 온다. 갑자기 목소리가 굵어지면서 자신과 세상이 낯설다. 팔과 다리가 하루가 다르게 길어지고 얼굴의 골격도 달라진다. 당연히 정서적인 변동 폭도 커서 아이들은 혼란스럽다. 바야흐로 사춘기에 진입하게 된 것이다.

　우리가 주목할 점은 이 아이들이 통과할 사춘기가 '어쩔 수 없이 견뎌야 할' 그런 종류가 아니라 '새로운 자아가 태어나는' 또 다른 탄생의 시기라는 것이다. 익숙하지 않은 이 상황에 아이들은 자기가 느끼는 불안을 잠재우고 흔들리지 않는 신뢰를 줄 뭔가를 찾게 된다. 아이들이 이런 정체성의 혼란이 일어날 때, 수학의 법칙성과 엄밀함은 아이들에게 원칙이라는 흔들리지 않는 중심을 잡아 주면서 안정감을 제공한다.

상급 과정*으로 가는 길목인 이 시기에 아이들은 수학에서 규칙을 발견하고 적용하며 일반식을 찾아낸다. 규칙을 발견한다는 것은 대상들 사이에서 공통점을 찾는 작업이며, 공통으로서 서로 합의한 내용이 되려면 구체성의 물성을 조금씩 없애 가야 한다. 이 작업은 아름답고 생동감 넘치는 현실로부터 추상적인 개념을 찾는 눈을 키우고 단련해야 하므로 교사에게도 학생들에게도 힘이 든다. 삶의 태도를 바꾸는 게 어디 쉬운 일인가.

이렇게 아이들이 바뀌어 가는 시기에 수학은 변하는 현상에서 변하지 않는 법칙성을 발견하도록 돕고, 어떤 경우에도 흔들리지 않는 진리가 무엇인지 보여 준다. 이 경험은 사춘기를 지나는 아이들에게 배움에 대한 신뢰와 자기 확신을 가지도록 돕는다.

개념을 발견하는 공부는 6학년부터 집중적으로 이루어진다. 이때 아이들은 넓이를 배우며 평면 개념을 익

---

* 12년제 발도르프학교에서 학생들이 8년의 담임 과정을 마치면 상급 과정에 진급해서 4년을 함께할 새로운 지도 교사를 만난다. 담임이 아니고 지도 교사라 이름 붙이는 이유는 학생과 교사의 관계 설정이 달라지기 때문이다. 학생들은 더 이상 보호받을 어린 아이가 아니므로 학급이나 학교의 일정을 스스로 기획하고 진행한다. 지도 교사는 이들이 독립적인 삶을 살 수 있도록 도와주는 멘토의 역할을 한다. 교육의 목표도 달라진다. 담임 과정에서 학생들이 세상의 아름다움을 발견하고 경이로움을 느꼈다면, 상급 과정에서는 자신들이 알게 된 것들의 근원을 탐구하고 서로 연결할 수 있는 사고의 힘을 키운다.

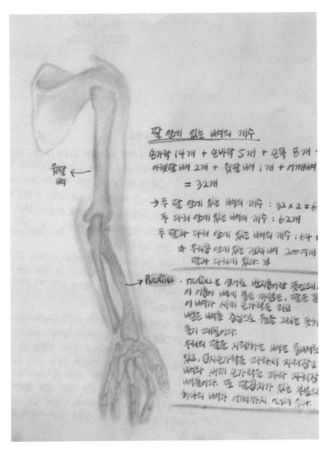

그림22. 8학년 생리학 주기집중수업 시간에 학생이 공책에 그린 팔의 구조. 이 시기의 아이들은 급격하게 자라는 중으로 자기 몸에 관심이 많다. 뼈와 근육의 구조와 역할을 탐구하면서 사물을 객관적으로 관찰하는 눈을 갖게 된다. 특히 팔을 섬세하게 움직이도록 작동하는 여러 뼈와 근육의 역학적인 구조를 익힌다. 이런 배움은 요즘 유용하게 쓰이는 첨단 기계들의 작동 원리를 이해하는 데 도움이 된다.

히고 십진법의 복잡한 연산에 들어 있는 공통의 과정을 찾는다. 이 발견은 추상적인 사고의 출발인 7학년의 대수식으로 연결된다. 또 이때 배우는 기하학은 아이들이 사고를 뚜렷하게 하도록 돕는다. 직선이나 점과 같이 현실에는 없는 개념을 도형으로 실제 구현하기 때문이다. 이 과정에서 형성되는 상상력은 새로운 개념을 세울 수 있게 돕는다. 8학년이 되면 아이들은 기하와 대수를 만나며 서로 다른 두 영역을 연결하여 현상을 해석하게 된다.

또한 자신이 받아들이고 싶지 않아도 인정해야 할 사실들이 있고 그것을 활용했을 때 문제가 해결됨을 깨닫게 된다. 아이들은 이러한 과정을 거치면서 개별적 경험으로 만들어진 자신의 틀에서 서서히 벗어난다. 비로소 진정한 자유롭게 사는 방법을 터득하는 것이다. 주의할 점은 구체적인 수의 조작에서 개념으로 생각이 옮겨지는 과정에서, 아이들이 고민하고 상상할 수 있도록 시간을 충분히 확보해 주어야 한다. 1학년으로 들어온 아이들이 숫자를 쓰고 익히는 데 고작 2~3주 남짓 걸린 듯 보이지만, 사실은 이미 오랫동안 구체적인 감각 경험으로 익혀 왔던 시간이 있었기에 가능한 일이다.

이 변화의 시기가 특히 중요한 이유가 있다. 이후 9학

나는 여기에 빛과 어둠을
혹은 그것이 상징한다고 생각되는 바다와
바다를 비추는 신의 정신을 표현했다
빈 심연과 음울한 사막이 0을 나타낸다면
신의 정신과 빛은 매우 강력한 1을 나타낸다

그림23. 8학년 수업에서 배우는 2진법의 개념을 표현한 라이프니츠의 글이다.

년 상급 과정부터는 사고 작용을 본격적으로 키우게 된다. 자칫 어려워하는 점을 고려하느라 머뭇거리면, 아이들은 도약의 시점을 놓치게 되고 여전히 구체적인 사례에 머물러 감정에서 벗어나지 못하게 된다. 반면에 개념으로 너무 빨리 들어가면 아이들은 기술로써만 습득할 뿐 구체성을 잃은, 죽은 개념만 취하게 된다. 요즘 교육이 개념과 사고 활동만을 지나치게 강조하기에 더욱 신경 써야 한다. 자신의 의지가 개입되지 않은 이성적 판단은 세상에 이롭지도 않고 위험하기까지 하다.

그러므로 추상적인 개념을 잡아 주기 위해서 아이들을 끊임없이 관찰하면서, 아이들이 자발적이고 적극적으로 개입하도록 도와야 한다. 물론 모든 출발은 자기 경험과 감각이며 저학년의 수업도 바로 이를 뒷받침하기 위한 과정이다. 이렇게 세워진 자아는 자신을 신뢰하게 만들고 세상과 단단히 연결되므로 올바른 판단을 할 수 있도록 아이들을 이끈다.

4장

수는 규칙을 품고 있다

자연에서 다시 발견하는 수

어떤 아이가 있었어요. 세상이 어떤 모습일까 궁금하던 이 아이는 길을 떠나기로 마음먹었어요. 여행을 시작한 아이가 터벅터벅 걸어가던 중 산 속으로 난 길 입구에서 쉬고 있는 한 노인을 발견했어요.

"할아버지, 이 길은 어디로 가는 건가요?"

"이 길은 신비의 광장으로 가는 길이란다."

"신비의 광장이 뭔가요?"

"옛날 하고도 아주 옛날, 그곳에는 세상의 원리를 알고 싶어 하는 현자들이 모여들었다고 해. 그리고 그들은 우주의 신비를 풀 수 있는 열쇠가 있는 수수께끼를 신으로부터 하나 받았는데 그 내용은 이랬지."

현자 한 사람이 한 그루의 나무를 심을 것.

한 줄에 네 그루씩 모두 다섯 줄의 나무가 서 있도록.

그 가운데 서면 은혜로운 생명의 신비가 가득할 터.

"그런데 문제는 계시를 받은 현자가 모두 열 명이었어."

"네? 한 줄에 네 그루씩 다섯 줄을 심으려면 스무 그루의 나무가 필요할 텐데 열 그루만으로 어떻게 그게 가능해요? 현자들은 그 방법을 찾았나요?"

"물론 그들은 해결했고 신에게 감사의 제사를 올렸다고 해. 나의 아버지에게 들은 이야기야. 아버지는 그 아버지에게서 전해 들었단다."

"저도 가 보고 싶어요. 그곳에."

"물론 너도 갈 수 있지. 하지만 지금은 아무도 그 방법을 모른 채 그냥 전설이 되었어. 그래서 우리는 그곳을 그저 신비의 광장이라고 부를 뿐이란다. 오직 태양의 눈을 가진 이만이 그것을 발견하는 기쁨을 누린다고 하니 독수리라도 타고 하늘로 올라가야 할까?"

아이가 우여곡절 끝에 그 광장에 도착해 보니 과연 열 그루의 큰 나무가 늠름한 자태를 뽐내며 서 있었어요. 하지만 한 줄에 네 그루씩 다섯 줄로 서 있는 나무들은 발견할 수 없었어요.

'열 그루의 나무, 한 줄에 네 그루씩 모두 다섯 줄.'

5학년 1학기에 자연수를 주제로 하는 수학 주기집중 수업을 시작하면서 이 한 줄의 질문을 던지기 위해 만든 이야기이다. 역시 아이들은 답을 찾으러 질문 안으로 들어왔고 기꺼이 나와 함께 여행을 시작했다. 이 질문은 원래 다음과 같은 모양으로 자주 등장한다. '10개의 점을 5줄에 나열하되 1줄에 4개씩 찍으라.' 다음 쪽에 나오는 공책 그림(그림24)으로 짐작하겠지만, 별모양으로 나무를 심으면 다섯 개의 선분이 10개의 점에서 만나므로 20개만큼의 점을 만드는 효과를 볼 수 있다. 그러므로 한 개의 선분에 4개의 교점이 있게 된다. 최소의 선분으로 최대 개수의 교점을 만드는 방법이 별모양이다. 하지만 겹치는 점의 개수와 관련된 문제로만 보기에 이 도형은 너무 아깝다. 별은 오각형에서 태어나며 오각형은 피타고라스의 시대부터 생명력을 지닌 신비로운 도형으로 인식되어졌다. 이와 같은 속성은 5학년의 아이들에게 깊은 감동을 준다.

아이다움의 끝에서 청소년으로 이행을 막 시작하는 시기. 동화에 더 이상 흥미가 없지만, 자신과 이어져 있다면 마음을 모은다. 그래서 이야기 속 주인공에게서 자신의 모습을 발견하고 함께 길을 나서는 것이다. 이즈음의 아이들은 신체의 균형이 잘 이루어져 있고 정서적으로 안정되어 있다. 이를 바탕으로 공감 가득한 마음을 지닌 아이들은 자신이 사는 이곳 세상의 이치를 알고 싶어 한다. 삶이 궁금해지는 이 아름다운 나이의 그들에

그림24. '신비의 광장에 나무들이 어떻게 서 있었을까?' 아이들이 머리를 맞대고 찾은 모양이다. 태양의 눈으로 봐야 한다는 노인의 말을 새겼는지 하늘에서 내려다본 그림을 그렸다.

게, 수학은 어떻게 도움을 줄 수 있을까? 이런 고민으로 나는 오각형과 별의 이미지를 이용하여 이야기를 만들고 아이들을 초대했다.

구체적인 첫 작업은 자연수를 다시 보며 시작된다. 이 자연수는 그들이 세상에서 가장 처음 발견한 수數였지만, 이제는 수에 깃든 규칙을 발견하는 순서다. 특히 수는 식물에게서 흔히 발견된다. 그래서인지 교사들은 식물학 주기집중수업을 수학 주기집중수업의 앞에 배치한다.* 식물에서 꽃은 도형으로 시각화해 볼 수 있고, 수로 꽃의 특징을 잘 표현하는데, 보통 오각형이 흔하다. 아이들은 식물에서 관찰한 도형을 비교해 보고는 서로 생각이 같다는 점에 놀란다. 우리는 자연스럽게 숫자 5로 수학 수업을 시작하게 된다.

이 도입은 2,500년 전에 세상이 만들어진 이치를 수로 이해한 그리스 철학자 피타고라스Pythagoras와 관련 있다. 피타고라스는 그리스의 수 철학자로서 세상의 이치를 수(지금의 자연수)로 설명하고자 했다. 그는 자연수 각각에 가치를 부여했는데 예를 들면 3은 균형과 성장

* 5학년 수학 주기집중수업의 주제는 맨손기하학과 자연수의 새로운 이해이다. 이와 함께 자연을 깊이 있게 관찰하는 식물학과 지리학이 있다. 이외에 한국사는 삼국시대를, 그리고 세계사는 4대 문명에서 그리스까지를 공부한다.

을, 4는 대지와 같이 든든한 의지를 나타낸다고 했다. 이제 아이들은 피타고라스와 함께 숫자 5를 탐색하며 자연수의 다른 면을 발견하러 나선다.

양팔을 펴고 두 다리로 꼿꼿하게 서 있는 사람의 형상은 오각형을 닮았다.

5는 조화와 정의라 생각하고 이것은 인간이 갖춰야 할 모습이기 때문에 5를 인간 그 자체라 믿었다.

또 오각형은 자연에서 가장 많이 나타나고 생명의 원천을 상징하며 사람에게 미치는 영향도 매우 크다고 여겼다.

수업의 도입부에서 들려주는 피타고라스 학파 이야기는 아이들이 아주 좋아한다. 공동체 생활을 한 피타고라스 학파는 형제애를 강조했다고 전해진다. 관련 일화가 꽤 있다. 약수와 관련된 것 중 '우애수'라는 게 있다. 피타고라스에게 제자가 "친구란 무엇입니까?"라 물었더니 "또 다른 나지. 마치 220과 284처럼"이라고 답했다고 한다. 220의 약수 중 자기 자신인 220을 뺀 나머지 약수 1, 2, 4, 5, 10, 11, 20, 22, 44, 55, 110을 모두 더하면 284가 나온다. 또 284의 약수 중 자기 자신인 284를 빼고 약수를 다 더하면 220이 된다. 284의 약수를 더해서 220이 나올 때 아이들은 감탄사를 터뜨린다.

그림25. 피타고라스가 바빌로니아와 이집트를 거쳐 긴 배움의 여행을
다니며 겪은 이야기와 진리를 발견하는 과정은 늘 아이들에게 매력적
이다.

자신들의 마음속에 있는 궁금증 하나를 건드렸기 때문이다. 이 나이의 아이들에게 친구란 무엇보다 소중한 존재이다.

또 다른 이야기를 하나 소개한다. 한 사람이 누명을 쓰고 사형을 받게 되었다. 아무리 항변을 해도 해결이 되지 않자 사형수가 된 이 사람은 마지막으로 고향에 계신 어머니를 만나고 오도록 해 달라고 간청했다. 사형수의 절친한 친구가 대신 옥에 갇히기로 하고 사형수는 어머니를 만나러 떠날 수 있었다. 사형수가 돌아오지 않으면 그의 친구가 대신 사형을 당하기로 했으므로 모두 그 친구를 걱정했다. 약속한 날이 되었는데 사형수는 모습을 보이지 않았고 결국 그의 친구는 형장으로 끌려 나왔다. 사람들은 그가 친구를 믿다가 죽게 생겼다고 했으나 그는 오지 못할 사정이 있을 거라며 끝까지 사형수를 감쌌다. 사형이 막 진행되려 할 시각 멀리서 사형수가 헐레벌떡 뛰어왔다. 오는 길에 폭풍을 만나는 등 여러 고비를 겪느라 늦어졌노라 했다. 그러고는 친구와의 약속을 하마터면 못 지킬 뻔했다며, 이제 돌아왔으니 친구를 보내 달라고 했다. 이를 지켜본 재판관은 그들의 우정에 감동했고 "이렇게 약속을 소중히 여기는 자가 사형을 당할 만한 죄를 지었을 리가 없다. 너희와 같은 친구를 얻을 수 있다면 나의 지위와 명예를 다 내려 놓겠다."면서 사형수의 죄를 면해 주었다고 한다. 이들이 바로 피타고라스 학파였다. 이쯤되면 아이들은 모두 피타고라스 학파의 동지가 된다.

그들의 방식으로 수학을 한다

역사 속 사람들은 어떤 방법으로 수학을 했을까? 이를 알려면 아이들을 보면 된다. 모든 아이들은 교과서 그 자체다. 분수를 배울 때도 마찬가지다. 연산이 어느 정도 익숙해진 후에 배우는 분수는 지금 말하고 있는 자연수를 공부하기 전에 접한다. 잠시 4학년의 분수 수업을 소개하겠다.

분수를 설명할 때 자주 쓰는 '나눠 먹기'를 아이들이 어떻게 연결할지 궁금했다. 나는 이전에 분모가 1이 아닌 기약분수를 단위분수의 합으로 만드는 문제를 본 적이 있다. 이른바 '이집트 분수'다. 그런데 이런 문제는 계산이 만만치 않다.

* 이집트 분수는 유한개의 단위분수의 합으로 이루어져 있다. 단위분수란 분자가 1이고 분모는 자연수인 기약분수다. 기약분수는 분모와 분자가 1 이외에는 공약수가 없는 분수다. 이집트에서 이런 단위분수와 같은 형태의 분수를 기원전 2000년경부터 사용했다고 한다. 그래서 이집트 분수라고도 부른다. 그들은 '호루스의 눈'을 이루는 각각의 조각에 분모가 2의 거듭제곱인 단위분수를 대응시켜 사용했다고 한다.

예를 들면 $\frac{3}{5}$ 을 단위분수의 합으로 만든다면, 나는 $\frac{1}{a} + \frac{1}{b} = \frac{a+b}{ab}$ 를 떠올렸고 4학년에게는 가당치도 않으니 소개할 방법이 없었다. 이집트인들은 어떻게 기약분수를 썼을까? 어떤 방식으로 접근했을까? 나로서는 매우 궁금했다. 그리고 수업이 시작되었다.

"얘들아, 두 개의 호떡을 세 명이 똑같이 나눠 먹으려면 어떻게 해야 할까?"

다음에 일어난 일은 공책(그림26)에 적혀 있다.

아이들은 두 가지의 나눠 먹는 방법을 찾았다. 우선 호떡을 모두 반으로 쪼개어서 3명이 나눠 가졌다. 그런 다음 나머지 반을 다시 3등분하여 또 나눠 가졌다. 또 하나는 호떡 한 개를 3조각으로 나누고 다른 한 개도 3조각으로 나눠 그 두 조각씩 나눠 가지는 방법.

그렇게 하면 한 사람이 먹을 수 있는 양은 $\frac{1}{2} + \frac{1}{6}$ 이라고 적을 수도 있고 $\frac{1}{3} + \frac{1}{3}$ 이라 할 수도 있다.

$\frac{1}{3} + \frac{1}{3} = \frac{2}{3}$ 이니 $\frac{2}{3}$ 와 $\frac{4}{6}$ 가 같다!는 점까지 발견했다.

그제야 나는 이집트에서 단위분수가 발달한 이유를 알 수 있었다. 이처럼 수업에서 교사는 늘 아이들로부터 배운다. 마치 도시를 형성하고 공평한 분배를 하기 위해 단위분수라는 기호를 만들어 냈듯 아이들은 그 시대의 정신 속에 들어가 있었다. 이처럼 아이들은 수를 다루는

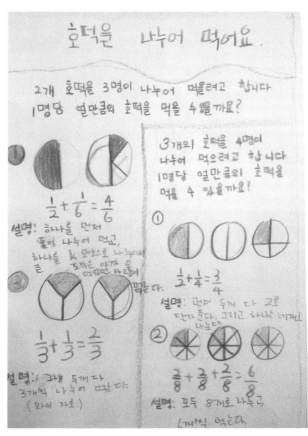

그림26. 아이들은 두 가지 방법에서 모두 단위분수를 사용했다. 당시 이집트인들은 단위분수를 사용했다. 분수를 배우는 4학년 때 역사 수업으로 문명의 발상지인 이집트를 공부한다는 점을 고려하면 이 유사점은 놀랍다.

태도에서 자신이 어디에 있는지 우리에게 말해 주고 있다. 아이들의 삶과 연결된다는 것은 그저 그들의 생활을 말하는 것만이 아니다.

"도수리에 사는 친구들 8명, 원당리에 사는 친구들 5명, 광주시에 사는 친구들 4명, 하남에 사는 친구들 5명, 분당에 사는 친구 1명을 모두 더하면 23명입니다.

$$\frac{8}{24} + \frac{5}{24} + \frac{4}{24} + \frac{5}{24} + \frac{1}{24} = \frac{23}{24}$$

그리고 '나'는 24명 중 1명이므로 $\frac{1}{24}$

$$\frac{23}{24} + \frac{1}{24} = \frac{24}{24} = 1$$

나는 작지만 내가 있어서 우리 반 전체가 1이 될 수 있습니다."

분수를 잘 활용하면 직접 이야기하지 않아도 아이들에게 많은 것을 전해 줄 수 있다. 분수를 매우 추상적인 개념이라 하지만 이렇게 아이들의 마음을 달래 준다면 더 이상 회색빛이 아닐 것이다.

다시 5학년 수학으로 돌아가면, 자연수를 계산 도구에서 벗어나 자기만의 세계를 갖도록 연구한 철학자들처럼 아이들이 자연수에 숨겨진 규칙을 발견할 차례다. 이미 숫자에 익숙하지만 인도 – 아라비아 수를 잊고 조약돌의 양으로 수를 생각해 본다. 2학년 때 수학을 가르

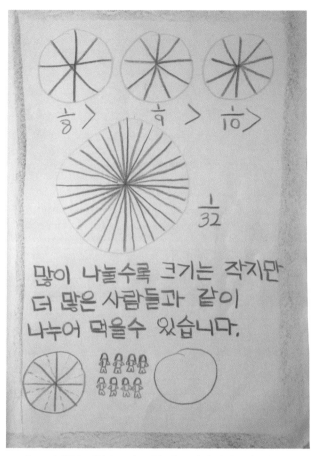

그림27. 아이들은 진분수로 나누었을 때 그 값이 커지는 현상에도 놀란다. 이 연산은 아이들에게 어떤 의미가 있는가? 나에게 돌아오는 몫은 적지만 함께 나누어 먹을 친구의 수는 많아진다.

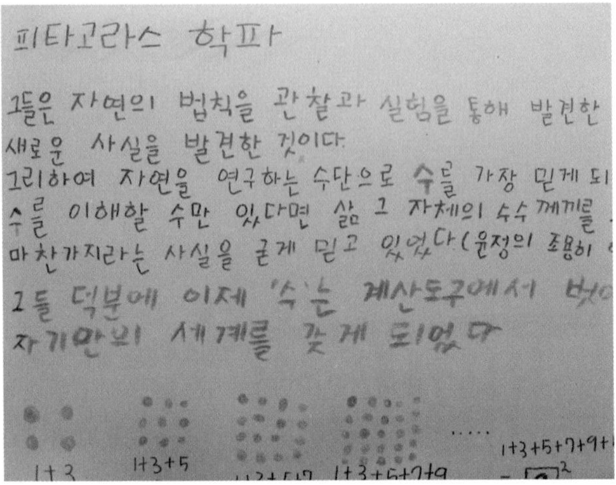

피타고라스 학파

그들은 자연의 법칙을 관찰과 실험을 통해 발견한
새로운 사실을 발견한 것이다.
그리하여 자연을 연구하는 수단으로 수를 가장 믿게 되
수를 이해할 수만 있다면 삶 그 자체의 수수께끼를
마찬가지라는 사실을 굳게 믿고 있었다(운정의 조용히
그들 덕분에 이제 '수'는 계산도구에서 벗어
자기만의 세계를 갖게 되었다

$1+3$ $1+3+5$ $1+3+5+7$ $1+3+5+7+9$ $1+3+5+7+9+\cdots$

그림28. 그 동안 수를 연산에서 다루는 방법을 익혔다면, 이제부터는
수가 가진 규칙 속에서 고유한 속성을 배운다.

첬던 교사가 계속 아이들과 함께하기 때문에 예전의 활
동을 보다 쉽게 떠올리도록 유도할 수 있다.

"피타고라스 시대에는 조약돌로 수를 나타내기도 했
어. 그러면 이제 자연수를 차례로 나열해 볼까? 예전 2
학년 때 구구단 배우던 거 기억나니? 나뭇잎으로 직사
각형을 만들었지. 이번에도 그런 방법으로 나열할 거야.
공책에 조약돌을 점으로 표시하면서 하나하나 찾아보
도록 하자."

"선생님, 3은 어떻게 해요? 사각형이 안 나와요. 그냥
한 줄로 쭉 돼요."

116

"그래? 그러면 그렇게 되는 게 3뿐이니?"

"아, 또 찾았어요. 5도 한 줄로만 돼요."

"저도 찾았어요. 많은데요."

"그러면 얘들아, 20까지 중에 3과 같은 모양으로 나열되는 수가 또 있겠구나. 이렇게 모양을 살펴보면 무언가 특징이 구분될텐데. 일단 찾아보겠니?"

예를 들어 12는 2개씩 짝을 지으면 모두 6줄로 나열할 수 있다. 이는 2와 6의 곱으로 쓴다. 또 3개씩 짝을 지으면 4줄로 나열되므로 3과 4의 곱이 된다. 그러나 3이나 5는 한 줄로 나열하는 방법이 유일하다. 그러므로 3은 1과 3의 곱으로, 5는 1과 5의 곱으로만 쓸 수 있다. 이처럼 1과 1이 아닌 자기 자신의 곱으로만 표현되는 수를 '소수'라 한다. 자연수를 직사각형으로 나열하면 모두 소수의 조합이다. "따라서 '한 줄로 쭉 늘어선 수'인 '소수'는 자연수의 기본인 거야. 놀랍지!" 하지만 아이들은 '한 줄로 쭉 늘어서는 수'라는 말에는 아랑곳없이 교사가 생각지도 못한 공통점을 찾아서 엉뚱한 수들끼리 모둠을 만들었다. 교사는 아이들이 전혀 다른 수를 말하더라도 '잘 찾았어. 또 뭐가 숨어 있을까'라며 수업의 목표 지점까지 가기 위해 인내심과 순발력을 동원한다. 이 기다림은 한 시간 내내 계속될 수 있다. 그러나 마치 고대 그리스의 피타고라스 학파가 긴 탐구의 끝에서 성과를 올리듯 아이들이 이 시간에 발견의 기쁨을 누릴 수 있다면, 우리 아이들도 신비의 광장에서 하늘에 감사를 드리는 마음으로 수업을 마무리할 것이다.

나열하는 모양에 따라 특이한 도형이 나오는 수는 또 있다. 이중 삼각수나 사각수는 실제의 양을 나타내는 점들이 삼각형과 사각형으로 질서 있게 나열되므로 아이들이 매우 흥미로워한다.

삼각수는 자연수를 차례로 더하는데 두 수의 곱셈으로 나타낼 수도 있다.

6=2×3   1+2+3

10=2×5   1+2+3+4

15=3×5   1+2+3+4+5

여기까지 봤을 때 다음에 오는 수는 어떤 두 수의 곱으로 나타낼 수 있을까? 학생들과 함께 예상해 보는데, 찾아낸 두 수를 곱해서 21이 나오면 되는 거다. 삼각수를 나타내는 두 수의 그 배열이 재미있다. (2, 3), (2, 5), (3, 5)의 배열은 많은 상상력을 제공한다. 앞의 곱하는 수가 2, 2, 3이라면 다음 수는 3이 될 것이고, 뒤의 곱하는

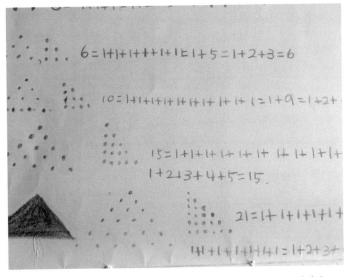

그림29. 점으로 삼각형을 만든 삼각수. 자연수를 1부터 차례로 더해서 만들어지는 삼각수를 점을 찍어 보면 마치 아래로 점점 자라는 듯한 모습을 보인다. 또 직각삼각형 모양으로 나열하면 마치 직사각형을 대각선으로 자른 것과 같다. 이를 이용하여 새로운 규칙을 만들 수 있는데 이러한 시각적 효과 덕에 아이들이 숫자로 더하는 것보다 훨씬 쉽게 받아들인다.

수가 3, 5, 5이니 순서로 보아 다음 수는 7이 될 것인가?

그렇다면 다음에 올 수는 3×7=21이다! 아이들과 1 + 2 + 3 + 4 + 5 + 6을 계산하여 21이 나오는 것을 확인했다.

"정말 신기하구나. 어떻게 이걸 찾아냈지?"

아이들이 성취의 기쁨을 누릴 시간을 좀 주고 계속 나아갔다.

"이번에도 일일이 더하지 말고 다음에 곱해질 두 수를 찾아서 구해 보자. 우선 곱하는 두 수 중 앞의 수를 예상해 볼까?"

"4요."

"저는 5라고 생각하는데요."

"왜 4라고 생각하니?"

"2, 2, 3, 3이니 다음 수는 4예요. 왜냐하면 1씩 더해지니까요."

"왜 5라고 생각하지?"

"2, 2, 3, 3 다음에 오는 소수가 5이니까요. 보세요. 전부 소수예요."

그리고 곱해지는 두 수 중 뒤에 올 수는 3, 5, 5로 나오고 있으므로 그 다음 수는 홀수 7로 합의를 보았다. 그래서 값은 4×7=28이거나 5×7=35 둘 중 하나라는 예상이 나왔고, 실제 그 다음의 삼각수는 28이었다. 이제 우리는 곱해지는 두 수 중 앞의 수가 1씩 커진다는 추론이 맞았음을 확인했다.

이런 규칙으로 다음에 올 삼각수를 구해 보자. 곱하는 두 수 중 앞의 수는 2, 2, 3, 3, 4 순서에 따라 4가 되고, 뒤에 곱해질 수는 3, 5, 5, 7, 7의 순서에서 9를 예상할 수 있다. 따라서 다음번의 삼각수는 $4 \times 9 = 36$이라 할 수 있다. 앞의 삼각수인 28에 8을 더하니, 즉 $28 + 8 = 36$이 되어 이 예상도 맞았다!

아이들의 추론은 옳았다. 아이들이 여기까지 오는 데 오랜 시간이 걸렸으나, 자신들이 만들어 낸 규칙으로 다음에 나올 수를 맞출 수 있게 되자 지치지 않고 더 많은 값을 구하려 했다.

이 방법은 덧셈을 여러 번 하는 번거로움을 덜 수 있으나 결정적인 단점이 있다. 예를 들어 $6 = 2 \times 3$임을 알지만, 6보다 다섯 번째 뒤에 나오는 삼각수를 구하려면 6부터 하나씩 단계를 밟아 구해야 한다. 심지어 열 번째 뒤에 오는 삼각수를 구하려면 차라리 덧셈이 나을 수 있다. 아이들이 이 한계를 알고 나면 다음 질문으로 간다.

"그렇다면 1을 첫째 삼각수라 했을 때 열 번째에 나오는 삼각수를 바로 알 수 있는 방법은 없을까요?"

"당연히 있지. 여러분이 방금 쓴 넛셈식에 다 들었어."

첫 번째 삼각수 1과, 두 번째 삼각수 3=1＋2를 잘 관찰하면, 여덟 번째 삼각수는 36=1＋2＋3＋4＋5＋6＋7＋8로 8까지 더하면 된다. 따라서 열 번째에 나오는 삼각수는 1부터 10까지 더하면 된다는 것을 발견하고 1＋2＋3＋4＋5＋6＋7＋8＋9＋10이라 쓸 수 있는 단계가 5학년이다. 그렇다면 덧셈을 직접 하지 않고 좀 더 간단하게 해결할 수는 없을까?

"선생님은 계산 안 하고도 아세요?"

"당연하지. 수학은 그런 방법을 알려 주니까."

"우리도 알 수 있어요?"

"7학년이 되면 저절로 알게 될 거야. 그래도 알려 줄까? 써 볼 테니 한번 읽어 봐."

나는 아이들이 몹시 궁금해할 경우 슬쩍 칠판 한 구석에 이렇게 쓴다.

$$두 번째 삼각수\ 3 = 1 + 2 = \frac{2 \times 3}{2}$$
$$세 번째 삼각수\ 6 = 1 + 2 + 3 = \frac{3 \times 4}{2}$$

다 읽을 줄 알고 계산도 되는데 이 수식이 의미하는 것은 무엇인가? 이 질문에 답하려면 추론할 수 있는 힘이 자라날 때까지 기다려야 한다. 2＋2＋2=2×3을 넘어서는 도약이 아이들을 기다리고 있다.

5장

대수식으로 가는 첫걸음

유사성, 서로 다른 것에서 같은 점을 발견하기

규칙이란 무엇인가? 음악에서 한 주제로 변주가 이루어질 때 주요 리듬과 화성을 알아야 어떤 변화가 있는지 알 수 있다. 이렇듯 구체적이고 분절된 관찰로는, 모양이 서로 다른 데에서 반복인 것을 찾는 게 쉽지 않다. 그러니 각각 다른 양과 다른 상황을 표현하는 수나 수들 사이에서 문득 유사점을 발견하면, 아이들은 마치 오랫동안 걸려 있던 주문과 마법에서 풀려나 본래의 모습으로 돌아오는 기분이 된다. 이처럼 자연수에서 규칙을 발견하는 일은 확실히 아이들에게 자극을 준다. 여기에 정다각형을 작도하며 세상에서 접하는 다양한 형태에서 무수한 리듬을 발견하는 기하학 수업을 더하면, 아이들의 상상력은 더욱 성장한다.

제곱수는 5학년에서 '사각수'라는 이름으로 만난다. 제곱수란 2×2처럼 같은 수를 두 번 곱하는 수식으로 표현할 수 있는 수인데, 피타고라스는 제곱수를 '사각

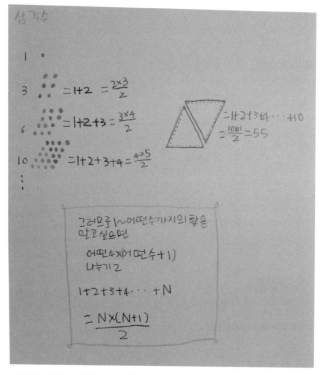

그림30. 7학년의 '문자와 식'을 공부할 때 다시 나오는 삼각수. 연산은 반복해 나타나지만 조금씩 달라져서 마치 나선형처럼 발전한다. 1학년에서는 찾은 자연수로 곱셈하며 바닥에 나뭇잎을 나열했다. 5학년에서 다시 자연수를 점으로 표현하며 새로운 관점을 얻는다. 7학년에서 이모든 과정이 종합되어 일반적인 식을 만든다. 7년의 여정에서 구체적인 감각이 사고로 전환된다.

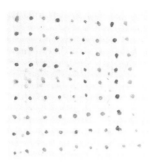

그림31. 사각수는 1부터 연속된 홀수의 합으로 나타낼 수 있으며 수의 양만큼 점을 차례로 그림처럼 나열하면 사각형 모양이 된다.

사각수는 아래 그림처럼 나열하는 방법을 변형하면 또 다른 수식으로 표현할 수 있다. 6학년 아이들은 이 덧셈식으로 암산하기를 좋아한다. 아무리 긴 덧셈식이어도 이런 규칙이라면 무조건 식의 중심에 있는 가장 큰 수를 제곱하면 되기 때문이다.

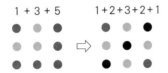

이를 좀 더 확장하면 아름다운 규칙이 눈앞에 나타난다.

$$1=1$$
$$1+2+1=4$$
$$1+2+3+2+1=9$$
$$1+2+3+4+3+2+1=16$$

수'라 했다. 영어로 제곱을 square라 하는데, 광장으로 해석되는 이 단어에는 정사각형이라는 뜻도 있다. 그로부터 1년이 지나 아이들이 6학년이 되면 이미지를 벗고 본격적인 수만을 다루는 시기가 되어 다시 제곱수를 만난다. 이때 아이들은 이전의 그림은 다 잊어버린 채, 수 자체에 몰두한다. 넌지시 언젠가 배운 사각수를 그려 주면 "아! 그게 이거였어요?"라며 감탄한다.

이런 연결은 또 있다. 언젠가 아이들이 구구단을 배울 때 나뭇잎을 주워 와 바닥에 놓으며 했던 활동과 분배법칙의 연결이다.

"얘들아. 암산 내기해 볼까? 8 곱하기 31를 한 것에 8 곱하기 9를 더하면 얼마일까?"

나는 아이들이 계산을 하려고 연필을 잡기도 전에 답을 말해 버렸다.

"320!"

"……?"

"한 번 더 해 보자. 7 곱하기 28 더하기 7 곱하기 12는?"

이번엔 질문이 끝나기 전에 재빨리 연산을 시작한 아이들이 있었으나 나의 대답이 빨랐다.

"280!"

"선생님, 무슨 방법이 있는 거죠?"

"당연하지. 설마 선생님이 다 곱하고 더했겠니?"

그러고는 칠판에 다음과 같이 썼다.

$$8 \times 31 + 8 \times 9 = 320$$

그러고 나서 물어보았다.

"무엇을 발견할 수 있지?"

"이렇게 쓰면 보이려나?"

$$8 \times 31 + 8 \times 9 = 8 \times 40$$

이 정도면 알아채는 아이들이 있는데, 말하고 싶어 죽을 지경인 표정으로 손을 들지만 일단은 패스, 다시 한두 문제를 더 진행하면서 그런 표정을 짓는 아이들의 수를 늘린다. 그러는 동안 교실 여기저기에서 "어!"라는 탄성이 나오면서 자기가 발견한 규칙을 말하느라 소란스럽다. 이제 교사는 마무리를 위해 그 중 한 아이에게 뭘 발견했느냐고 묻기만 하면 된다.

그 아이는 정성껏 대답하고 많은 아이들이 고개를 심하게 끄덕인다. 마치 자기들도 알고 있다는 사실을 확인시켜 주듯이. 그때까지 찾지 못했던 아이들에게도 친구

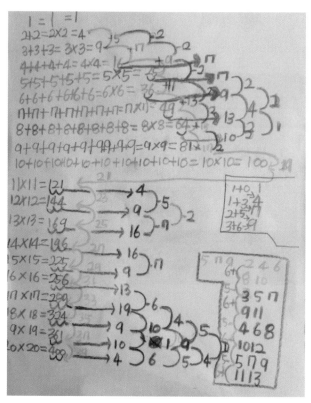

그림32. 처음엔 그저 제곱수였다가 차이가 홀수라는 공통점을 발견하니 그 안에 뭔가 더 있는 듯하다. 6학년인 이 학생은 수업 시간에 각 홀수의 차이가 2로 일정하다는 점을 찾은 후 더 많은 것들을 발견하고 싶어 했다. 그래서 관찰 끝에 각 자리의 수를 더하니 다시 제곱수가 된다는 사실을 발견했다. 내친 김에 그 수의 차이에서도 규칙이 있으리라 예상하고 계속 차이를 구했다. 그래서 내린 결론은 "계속 차이를 구하니 모두 2와 1에서 끝난다."였다.

의 설명이 도움이 된다. 이는 8×31과 8×9를 각각의 서로 다른 곱셈식으로 보았다면, 그 안에 들어 있는 8이라는 공통의 요소를 찾는 연습이다. 아이들이 8×31+8×9=8×(31+9)라는 분배법칙을 발견한 뒤 점을 찍어 직사각형 모양을 그리고 물어보았다.

"여러분이 이런 거 한 적 있는데, 혹시 기억나니?"

"2학년 때인가 바깥놀이에서 나뭇잎을 주워다가 종이에 사각형 모양으로 붙였잖아. 그렇게 해서 창에 여러 가지 모양을 만들어서 모둠별로 붙여 놨었는데."

"아…… 생각나요."

"맞아. 그때도 여러분 정말 열심히 사각형을 만들어 모았어. 기억을 되살려 보자. 한 모둠이 나뭇잎 6개씩 네 줄을 놓고 다른 모둠이 6개씩 다섯 줄을 놓아서 더 긴 사각형을 만들었다고 해. 그러면 이런 모양이 되지.

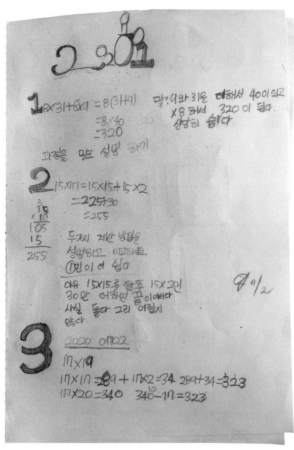

그림33. 학생들에게 8×31+8×9를 분배법칙을 쓸 경우와 그냥 하나
씩 계산해서 더하는 경우를 비교해 보라고 했다. 이 공책의 주인공은
'이렇게 하니 상당히 쉽다. 31과 9를 더하면 끝이다.'라고 썼다.

어때? 그러고 보니 모두 여섯 개씩 아홉 줄이 돼 버렸네. 오늘 여러분이 배운 거랑 똑같아."

"그러네요. 그게 이거였어요? 우리 엄청 수준 높은 거 했었네!"

그저 수식만 가지고 해도 규칙은 찾을 수 있다. 하지만 자신들이 직접 만들고 붙이며 눈으로 확인하고 손으로 느꼈던 활동이 이제 와서 연산 식으로 변한다는 걸 알았을 때, 교실은 환한 빛과 활기로 가득 찬다. 교사는 이런 순간을 호흡하며 산다.

이제 아이들은 나의 질문에 쉽게 대답할 수 있다. 심지어 $31 \times 1.3 + 31 \times 0.7$을 계산하려면 31×2로 변형시켜 62라는 답을 찾아낸다. 경험으로 볼 때 내가 보여 준 계산 방법을 응용하여 $31 \times (1.3 + 0.7)=62$와 같이 계산하는 아이들이 있다. 사실 위의 식에서 $1.3 + 0.7$을 찾아내기는 하지만 왜 그렇게 해도 되는지를 제대로 설명하는 학생은 없다. 하지만 발견의 즐거움은 가슴에 남아 이후 분배법칙을 공부할 때 기억으로 되살아나기 마련이다. 원리를 깨쳐야만 수학적 사고력이 발전하는 것은 아니다. 수업에서 이루어지는 값어치 있는 일 중 하나는 언젠가 의미를 모르고 한 활동이 되살아나서 현재의 배움과 연결되는 것이다. 이렇게 된다면 아이들은 그저 밖에서 누군가 알려 준 지식이 아니라 자신들이 오랜 시간 간직해 온 경험이 되살아났다고 여긴다. 이런 경험은 아이들이 스스로 배움의 주체라고 인식하는 데 도움이 된다.

공식은 어떻게 발견되는가

열세 살의 아이들은 신체가 많이 성숙해 보이지만 여전히 사랑스럽고 배움에 감동한다. 물론 더 어린 나이의 아이들이 보여 주던 무조건적인 공감과 교사에 대한 존경은 사라져 가지만, 곧 이들이 맞이할 혼란의 시기를 떠올리면 아직은 평화로운 시간이다. 그럼에도 6학년 정도 되면 그저 규칙을 발견하는 것으로 머물지 않고 왜 그런지를 확인하는 게 필요하다.

둥글고 부드럽게 보이던 몸의 윤곽이 달라지고 점점 각자의 성향이나 개인차가 드러나는 이때는 내면의 자아가 조금씩 태어나려고 준비를 한다. 그래서 이때에 원인과 결과를 연결하고 자신의 의견을 객관적인 사실에 근거해서 말하는 연습을 시작한다. 이것 역시 구구단의 활동처럼 이후를 위한 씨앗이다.

그래서 이때 배우는 백분율은 아이들에게 '나는 5%나 30%를 어떻게 다룰 것인가'라는 중요한 질문을 던진다. 예를 들면 오늘 비가 올 확률이 40%라 할 때 우산을 가지고 갈지 말지를 결정하라는 것인데, 자신이 취할 행동의 근거를 변화무쌍한 감정이 아니라 객관적인 수를 통해 설명해 보라는 것이다. 이 내용은 뒤에서 좀 더 다루도록 하겠다.

여기서는 아이들이 백분율과 관련된 문제를 해결하는 과정에서 어떻게 공통점을 찾아가는지를 소개한다. 지금까지 자연수의 연산 결과를 참고로 규칙을 찾았다면, 앞으로는 연산 과정 자체에서 일관된 규칙을 찾는다. 이 작업은 더 이상 아름다운 그림도 음악적인 리듬의 도움도 없이 오직 자신의 관찰과 생각으로 행하게 된다.

백분율 수업이 마무리될 즈음 실질적인 연산을 하는 시간에 나는 아이들에게 몇 가지 문제를 냈다. 그동안의 수업에서 퍼센트 값을 구할 때 몇 가지 접근법으로 구하는 방식을 공부했다. 다음 내용은 아이들이 공책에 적은 풀이를 옮긴 것이다.

(질문1) 학교에서 6학년부터 8학년까지 학생들에게 들놀이 갈 때 싸 가고 싶은 음식을 조사했습니다. 결과는 피자 35%, 김밥 20%, 유부초밥 20%, 샌드위치 25%로 나왔는데 김밥을 선택한 학생의 수가 12명이었습니다. 그렇다면 모두 몇 명이 조사에 답을 했을까요?

12명이 20%이기 때문에 12를 20으로 나누면 1%를 구할 수 있다.

그렇기 때문에 $\frac{12}{20}$를 하고 100%를 구하려 100을 곱한다.

그래서 $\frac{12}{20} \times 100$

약분하면 $\frac{6}{10} \times 100$ 또 약분하면 $\frac{3}{5} \times 100 = 3 \times 20$

계산하면 60

그래서 모두 60명이다.

이 풀이는 백분율에 근거해서 1%의 값을 먼저 구하고 있다. 이렇게 하면 어떤 %의 값도 곱셈을 이용해 구할 수 있다. 꽤 많은 학생들이 이 방법을 택한 것을 보고 이제는 백분율을 구하는 공식을 확인할 때가 되었다고 판단했다.

12명이 20%

100%가 되려면 5를 곱하면 되므로 12×5

모두 60명

이 풀이를 보고 반가웠다. 숫자에 매몰되지 않고 전

체의 비율을 볼 수 있는 눈을 가진 학생이라는 생각에 말이다. 이 감각을 가지고 있다면 $\frac{7}{9} \div \frac{1}{9}$ 을 계산할 때 분자에 있는 7과 1의 관계만 봐도 7÷1이어서 바로 7이라 대답할 수 있다. 굳이 $\frac{7}{9} \times \frac{9}{1}$ 로 고치는 수고로움을 하지 않아도 된다.

김밥이 20%가 12명이니까, 10%는 6명, 5%는 3명
유부초밥도 20%이니 12명
샌드위치는 25%이니 12명 + 3명
피자는 35%이니 12명 + 6명 + 3명
그래서 모두 더하면 12 + 12 + 15 + 21=60명입니다.

주어진 %를 이용해서 우선 10%와 5% 그리고 1%를 구한 다음 이 값을 조합해서 푸는 방법으로 수업 초기에 집중했던 방법이다. 지금처럼 사칙연산이 보편화되기 전의 시대에 곱셈이 어려운 이들을 위해 덧셈으로 바꾸어 해결하게 고안한 방식이라 한다. 인도 수학*이라고

---

* 베다 수학이라 불리기도 한다. 인도의 승려이자 수학자인 바리티 크리슈나 티르타Bharati Krishna Tirtha는 오랫동안 전해 오던 브라만의 경전 중 베다시대의 수학적 지식을 망라하는 내용을 번역하고 정리하여 이를 1965년에 책으로 출간하였다. 이후 그의 책은 단순히 계산의 속도를 높

도 하는데 유럽에서도 근대 이후 각종 상업과 무역에서 필요한 계산을 위해 이 같은 방법을 사용해 왔다. 나는 아이들에게 '근대인의 계산법'이라 소개하며 많이 쓰고 있다. 이 계산법은 십진법을 이해하고 분배법칙이나 문자 활용에 도움이 되며 의외로 간단히 답을 낼 수 있다. 그래서 점심 먹은 후 식곤증으로 힘든 시간에 비슷한 종류의 계산법*을 암산 문제로 주면서 아이들을 깨운다.

(질문2) 자전거의 원래 가격이 87,000원이었다. 그런데 올해 가격이 15%나 올랐다면 자전거는 얼마일까?

오른쪽 칠판의 글은 '근대인의 계산법'인 곱셈을 덧셈

이는 기술에 불과하다는 평가가 나왔으나 전 세계적으로 인도 수학의 방법론으로 여전히 사람들에게 사랑받고 있다. 나는 이 중 몇 가지 방법을 애용하는데 그 중 '곱셈법'은 이후 다항식의 연산에서 그대로 쓰이므로 6학년부터 암산법으로 꾸준히 활용하고 있다.

** 역시 2와 5의 관계를 이용한 암산법이다. 18×25를 $18 \times 100 \div 2 \div 2$로 계산하면 손이나 머리가 바쁘게 움직이지 않아도 우아하게 답을 찾을 수 있다. 그러니까 이런 식이다. '18×25는 음…… 1,800. 900. 아! 450이군요.' 2와 5를 곱하면 10이 된다는 점을 이용하여 문제를 계속 만들 수 있다. 432×5는 10을 곱한 후 2로 나누면 되므로 '가만있자. 4,320에서 2,160이네요.'라고 딱 두 마디를 읽는 동안 계산을 한 셈이다. 내친김에 432×125도 답을 내는데 네 마디 읽을 정도의 시간이면 된다. $125 = 5 \times 5 \times 5$라는 정도는 미리 알고 있다고 가정하자.
'432,000에서 216,000이고 108,000이니까 아, 답은 54,000이군요.'

① 올해 오른 가격을 구하기 위해 87,000원의 10%와 5%를 구한다.

10%와 5%를 더해서 15%를 만들고 87,000과 더해 주면 된다.

② 10%(8,700원)를 구한 후 5%(4,350원)를 구해서 더한다.

두 개를 더해서 15%(13,050원)가 나오면 원가 (87,000원)에 15%를 더한다.

따라서 100,050원이다.

③ 10% 8,700   5% 4,350   15% 13,050

13,050 + 87,000=100,050

으로 바꾸어 계산하는 방법을 보여 준다. 서술하는 방식에 따라 세 가지 정도로 나타났다. 이 아이들의 대답을 모으면 하나의 훌륭한 풀이가 나온다.

다음 쪽 칠판의 글은 1%의 값을 이용한 방법이다. 이중 2번의 방법으로 풀이한 학생은 1%를 왜 구하는지 이유와 풀이를 자세하게 설명했다. 3번 풀이의 학생 역시 100%에서 시작하는데 역시 이 대답을 모아서 하나로 만들면 누가 봐도 이해할 만한 좋은 풀이가 된다.

① 일단 87,000의 1%를 구하고 그 수에 15를 곱한 후 거기에다가 원래 가격 87,000을 더해 주면 100,050원이 나온다.

② 87,000원을 백분율 기준으로 하면 87,000원의 $\frac{1}{100}$ 은 870원이다.

870원 × 15 = 13,050원. 87,000 + 13,050 해서 100,050원이다.

87,000원이 100%이다.

③ 87,000원의 1%는 870원, 이것에 15를 곱하면 13,050원이다.

여기에 87,000원을 더하면 100,050원이 된다.

(질문3) 어느 집의 한 달 생활비를 조사했더니 다음과 같았다. 이 집의 의복비가 45만 원이라 할 때 전체 생활비는 얼마일까? (전체 생활비 중 의복비는 15%)

45 ÷ 15 = 3
3 × 100 = 300
300만 원이다.

여기서 다른 학생들의 예시는 생략하겠다. 이 질문의 목적은 원하는 값을 알기 위해 1%를 구하거나 다른 비율을 이용하는 건데 아무런 설명 없이 매우 간단한 풀이만 적고 "끝!"이라 외치고 있다. 구체적으로 설명을 해 보라고 하니 "다 아는데 꼭 써야 해요?" 하고 반문을 했다. 이런 경우는 대략 두 가지다. 첫째는 정말 본인의 눈에는 그걸 넘어서는 현상이 감지되는데 아직 표현할 언어를 못 찾는 경우이다. 이런 경우라면 이해하고 인정해 줘야 한다. 하지만 대부분은 그 이유가 '귀찮아서'다. 더 들여다보면 설명을 쓰려니 귀찮다고는 하지만 사실은 '어떻게 쓸지 궁리하는' 게 어려운 거다. 그러니 교사가 물러날 이유가 없다.

그래서 우선 말로 설명해 보라 하면 허점이 계속 드러난다. 아이들이 자주 쓰는 말이 "그냥요."인데 그 다음 순서인 "사실은 잘 몰라요. 다시 해 볼게요."까지 도달하는 데는 시간이 걸린다. 더 속을 들여다보면 아이들의 속마음은 '선생님이 지금 생각하시는 그것을 저는 알 수가 없어요.'이다. 모든 걸 다 아는 선생님의 존재는 그들에게 모범이 되지만 동시에 따라가기에 벅찬 '넘을 수 없는 (사차원의) 벽'이기도 하다. 따라서 자신들의 생각이 교사와 다르다 해서 틀린 게 아니라는 점, 오히려 그것이 자연스럽다는 점을 평소에 이해시키려 노력한다. 그래야 자기 속의 생각을 편하게 내보인다.

　사실 수업 상황에서 밀려드는 아이들의 질문과 다양한 상황을 대처하다 보면 놓치고 실수하는 일이 허다하다. 그래서 이렇게 글을 쓰면서도 왠지 부끄럽고 거짓말을 하는 기분이 든다. 하지만 이러한 지향점을 가지고 계속 시도하다 보면, 아이들이 변화하는 순간이 있다. 이런 순간은 곧장 오기도 하고, 한참 뒤에 "아! 그거였구나!" 하며 무릎을 탁 치게 되는 경우도 있다.

> 15%가 45만 원, 45만 원×2=90만 원 30%,
> 90만 원÷3=30만 원, 이게 10%
> 그러면 30만 원×10=300만 원

　이 학생은 10%의 값을 구하기 위해 먼 길을 돌아갔으니, 15를 10의 배수로 만들기 위해 2를 곱하고 다시 3으로 나누는 길을 찾느라 애썼다. 그 모습을 떠올리니 나도 모르게 미소가 지어졌다. 15와 10의 최소공배수를 비롯한 몇 가지 개념을 본인도 모르게 섭렵한 거다. 13%를 구하는 것이었다면 어떻게 했을까. 궁금했는데 다른 문제에서 10%나 1%를 사용하여 푼 것을 보니 이때는 나름의 묘안을 택한 것 같다.

(질문4) 960은 어떤 수의 120%인가?

960 나누기 120을 하면 8이 나온다. 그러면 1%는 8이 되므로 기준이 100%여서 8에 곱하기 100을 하면 800이 된다. 그래서 800, 답은 800이다. 960과 120에 있는 0을 하나씩 지우고 96을 ÷12하면 8이 나온다.
8이 1%이기 때문에 ×100을 한다. 이유는 백분율이기 때문에
960÷120=8 그리고 8×100=800

백분율을 잘 이해하고 쓴 대답이다. 위의 학생이 서술한 내용을 보면 다른 문제의 풀이와 마찬가지로 1%를 구하여 해결했다. 일부 아이들이 100%를 넘는 양 때문에 당황하여 손을 못 대고 있었는데 이런 대답을 한 아이들은 사각형을 하나 그려 100%라 쓰고 빗금을 친 다음 가로를 약간 연장하여 전체 사각형의 크기를 넓힌

뒤 늘어난 부분을 가리켜 이건 20%라 설명했다. 그리고 전체가 120%이니 120으로 나눠야 한다고 설명했다.

어떤 학생은 도형으로 접근하였다. 100%와 20%의 비율을 염두에 두고 사각형을 그려 전체를 100%라 둔 뒤 이를 어떤 수 사각형이라 한다. 이 어떤 수 사각형을 5등분하고 이 중 한 조각의 크기만큼 사각형에 더 붙였다. 그러면 전체, 즉 960이 6조각을 차지하고 그 중 5개가 '어떤 수'가 되니 960에 $\frac{5}{6}$ 를 곱하여 구한다고 하였다.

이 학생은 도형과 대수의 전환이 자유로운 편이었으므로 이처럼 쉬운 방법이 없다며 만족했다. 그러면서 자기 풀이를 친구들에게 알려 주고 싶어 했으나 안타깝게도 크게 호응을 얻지 못했다. 아직 다른 이들의 수준을 염두에 두고 전달하는 방법을 알기에는 이른 나이다. 그래서 공책에 자기 생각을 편하게 적도록 유도하고 격려를 많이 하고 있다. 나 역시 사각형으로 시각화하는 작업을 즐겨 쓰는 편이라 내심 반가워서 이후 전체 풀이를 할 때 한 가지 사례로 소개를 했고 나의 풀이 목록에도 추가했다.

이 풀이는 잘못되었지만 나에게 도움이 되는 대답이다. 아이들이 어디에서 잘못 생각하는지 알려 주기 때문이다. 이 학생은 960의 120%를 구했다. 어떤 수의

120% 기준이 100이니까 20%를 찾아서 해결해
야 한다.

960의 10%는 96, 10%×2=20%이고 192이므로

100% + 20% 즉 960 + 192=1,152이다.

960÷120=8 그리고 8×100

120%인가라는 질문을 정확하게 파악하지 못했다. 그래
서 이후 풀이에서 기준이 무엇인가를 확인하는 데 신경
을 많이 썼다.

수업에서 가장 고민될 때는 '너무나 열심히 썼으나
풀이가 잘못된 경우'다. 어떻게든 해결하려는 결기는 유
지하되 자신의 생각이 어디에서 틀렸는지 찾아서 인정
하고 고치기까지 공을 많이 들여야 한다. 참으로 다양한
아이들의 반응을 접하며 내린 결론은 다음과 같다. 아이
들은 교사의 마음을 귀신처럼 알아챈다. 그래서 어떤 방
법이든 교사가 그들의 발전 가능성을 확신하고 있다면
진심은 통하고 아이들을 움직일 수 있다는 점이다. 아무
튼 우여곡절을 거치며 어느 정도의 목표점에 다다랐다.

공책에 적혀 있는 다양한 생각들을 읽고 나니 일반적
인 접근, 즉 공식을 소개해도 되겠다는 판단이 들었다.

다음날 수업 시간에 문제를 같이 확인하면서 아이들이 적은 방법들을 언급했다. 그러고 나서 다음과 같이 제안을 했다.

"여러분의 풀이를 보니 다양하고도 좋은 방법이 많아. 이걸 잘 섞어서 정리하면 멋진 수식 하나가 나올 수 있겠다는 생각이 들어. 예를 들어 380의 23%의 값을 찾는다고 하자. 우리가 처음에 많이 사용했던 방법은 이거야."

> 380의 10%는 38이고 1%는 3.8
> 그러면 20%는 10%×2, 3%는 1%×3, 따라서
> 380의 23%인 값은 38×2 + 3.8×3=87.4

"다른 방법은 여러 친구들이 이미 사용하기도 했는데, 백분율의 의미를 살려서 풀어 보는 거야. 380을 100으로 나누면 1칸이 1%가 되는 것이니 여기서 1%는 3.8이 되는 거지."

> 따라서 380의 23%를 구하려면
> 3.8×23=87.4

"그런데 이 두 방법이 사실은 크게 다르지 않아."

380의 10%를 구할 때 암산으로 380에 $\frac{1}{10}$ 을 곱한다.

이 $\frac{1}{10}$ 을 $\frac{10}{100}$ 이라 하고 % 계산을 먼저 살펴본다.

그러면 20%는 $\frac{10}{100} \times 2 = \frac{20}{100}$ 이라 쓸 수 있다.

3%를 구하는 방법도 똑같이 표현하면 $\frac{1}{100} \times 3 = \frac{3}{100}$ 이 되니까

23%를 구하기 위해 이 둘을 더하면 $\frac{20}{100} + \frac{3}{100} = \frac{23}{100}$ 그래서 380의 23%를 구하는 것이니

$380 \times \frac{23}{100}$

"두 번째 방법에서 1%를 구하기 위해 100으로 나눈 다 했었지?"

이걸 분수식으로 표현하면

$380 \div 100 = 380 \times \frac{1}{100}$ 이고

여기에 다시 23을 곱하면 되니까 식으로 정리하면

$380 \times \frac{1}{100} \times 23 = 380 \times \frac{23}{100}$

"자, 처음 식에서 맨 마지막에 나왔던 수식 $380 \times \frac{23}{100}$ 이 여기서도 나왔어. 두 가지가 서로 다른 방법으로 시

작했다고 여겼는데 이렇게 하나의 모양에서 만났지? 다시 정리해 보자."

380의 23%를 구하는 방법을 간단하게 쓰면,

$$380 \times \frac{23}{100}$$

"이 결론을 가지고 이제 또 다른 것도 이 방법으로 풀어 볼까?"

578의 57%를 구하려면 $578 \times \frac{57}{100}$ 로 계산하면 되겠네.

그렇다면 578의 20%는?

$$578 \times \frac{20}{100}$$

"선생님, 이럴 때는 10%를 구해서 2를 곱하는 게 더 빨라요."

"맞아. 어느 방법을 써도 괜찮아. 20%나 25%는 특수한 소수와 연결되니까 그런 방법으로 풀어도 좋아. 아니, 그 방법으로 풀려고 해 봐. 하지만 일반적인 값이 나오는 경우라면 좀 전에 찾은 방법이 효율적이겠지? 이건 어떤 값의 퍼센트를 구하더라도 그냥 집어넣고 계산하면 되거든. 이런 걸 우리는 '공식'이라고 해. 이 공식을 쓰면 4학년 동생들도 지금 이 문제를 해결할 수 있어. 물론 그게 무슨 의미인 줄은 모르겠지만."

"하지만 다른 점이 있다면 여러분은 이 공식을 만들 줄 알지. 자, 그러면 여러분들이 같이 만들고 찾은 이 편리한 방법을 한마디로 정리해 볼까?"

이렇게 정리한 방법으로 다른 문제도 풀어 보면 쉽고 간단하게 해결된다는 것을 알게 된다. 나는 공식으로 가는 이 과정을 어떻게 유도할까 고민을 했다. 그러다 아이들의 현재 상태를 보기 위해 테스트를 했고 거기에서 수업의 힌트를 얻었다. 그렇기 때문에 교사와 학생은 서로가 서로에게 배운다. 거듭 강조하지만 가르치고 배우는 역할이 따로 있을 수 없다.

수업에서 공식을 유도하는 시간은 언제나 흥미진진하다. 아이들에겐 공식이 만능열쇠와 같아서 그것을 성취한 후 느끼는 효능감이 대단하다. 그래서 나는 공식을 만들 때 간단하더라도 그 근거가 학생들 자신으로부터 출발했다고 느끼도록 유도하는 데 신경을 많이 쓴다. 공식은 그들이 발견하도록 하고 과정에서 겪는 여러 가지 경험을 귀납적으로 정리하는 것, 이것이 교사의 역할이다.

문자는 단지 거들 뿐이다

7학년 열네 살의 어린 청소년들을 관찰하면 이때쯤 대수식을 다루는 게 적절하다는 생각이 든다. 이 시기 아이들은 외모에서도 이미 어린 모습이 사라졌다. 더 이상 익숙한 주변의 사람, 특히 어른들에게 매력을 느끼지 않으며 훨씬 이상적인 차원의 세계로 눈을 돌린다. 대수식은 그 형태가 구체성을 버린 문자로 이루어졌고 알고리듬algorithm*으로 풀이하기 때문에 명확한 체계를 보여 준다. 이런 특성에 아이들이 감동할 준비가 되어 있다.

나는 대수식 수업을 하면서 그들이 어느 때보다 몰두하는 것을 자주 본다. 그리고 무엇이 그들을 몰두하게 하는지도 알게 되었다. 다음 수업은 내가 예상치 못했던 순간에 아이들이 스스로 만들어 낸 발견의 시간을 보여 준

* 어떤 문제가 주어졌을 때 그것을 해결하기 위해 밟게 되는 일반적인 계산 절차나 방법을 의미한다. 어원은 9세기 페르시아의 수학자 겸 천문학자이자 지리학자이기도 한 무하마드 알콰리즈미Muhammad al-Kwarizmi의 영어식 표기에서 유래하였다. 그가 후대에 미친 영향과 업적은 매우 넓고 다양하며 850년경 쓴《복원과 대비의 계산 al-Kitab al-mukhtasar fi hisab al-jabr wa'l-muqabala》이라는 수학책은 대수학에 큰 영향을 미쳤다. 이 책에서 그는 당시의 수학적 지식을 종합, 정리했으며 특히 일차방정식과 이차방정식에서 양의 해를 구하는 방법을 '복원'과 '균형'이라는 규칙을 사용한 일반적인 방법을 제시했는데 이 방법은 현대 대수학의 기초가 되었다. 또한 '복원'의 의미인 '알자브라al-jabr'는 이후 '대수학algebra'의 어원이 되었다. 처음에는 '방정식을 손쉽게 풀 수 있는 기술'의 성격이 강했으나 근대를 지나며 다루는 범위가 매우 커졌고 우리가 아는 방정식의 해법은 대수학의 한 분야 정도가 되었다.

다. 지면으로 전달할 수 있는 건 단지 문자뿐이라 한계가 있지만 양해를 구하며 최대한 설명으로 보충해 보겠다.

문자를 도입하기 위해 이것저것 생활에 쓰일 만한 자료를 찾던 중 '자전거'를 소재로 하니 반응이 좋았다. 자전거 판매점에 직접 물어보지는 못했으나 가지고 있던 자료에 의하면 다음과 같았다.

> 안장의 높이(cm)=바지 안쪽 길이×1.08
> 프레임의 높이(cm)=바지 안쪽 길이×0.66 + 2

우리는 각자의 바지 안쪽 길이를 찾아서 자신에게 맞는 안장의 높이와 프레임 높이를 구했다. 그런 후 다음과 같이 길이를 주고 표를 만들어 안장과 프레임의 높이를 구해서 채웠다.

바지 안쪽 길이(cm)	70	75	80
① 안장의 높이(cm)	75.6	81	86.4
② 프레임의 높이(cm)	48.2	51.5	54.8

그런 다음 나는 방정식*을 염두에 두고 좀 더 나아간

---

* '방정식'의 어원은 고대 중국의 수학책《구장산술九章算術》제8권〈정방程方〉편에서 유래했다. 이 책에서는 문제를 해결하기 위해 정사각형이나 직사각형을 활용하는데 이 방법을 방정方程이라 하였다. 앞서 언급된 알콰리즈미의 수학책에도 이차식을 같은 방법으로 풀었으며 이를 데카르

질문을 했다. 안장의 높이를 알 때, 프레임의 높이를 구하는 방법을 찾아보자는 거였다. 내가 처음 생각한 방법은 이렇다. 안장의 높이를 구하는 식인 '안장의 높이=바지 안쪽 길이×1.08'에다가 안장의 높이 값을 넣어 바지 안쪽 길이를 구한다. 이렇게 구한 바지 안쪽 길이의 값을 '프레임의 높이=바지 안쪽 길이×0.66+2'에 넣어서 프레임의 높이를 구하는 방법이었다. 이 질문을 하기 전 나름의 힌트를 주고자 두 식 모두에 바지 안쪽 길이라는 정보가 들어 있다는 걸 강조하기 위해 설명을 시작했다.

"식을 다시 살펴보자. 안장의 높이나 프레임의 높이를 구할 때 우리가 어떻게 했지? 뭔가 서로 연관이 있는데 잘 살펴보면 여러분이 발견할 수 있어. 둘 다 바지 안쪽 길이로 구했어. 만일 우리가 바지 안쪽 길이는 모르지만 안장의 높이를 이용해서 프레임의 높이를 구할 수 있을까? 거꾸로는 어때?"

트의 표현법으로 쓰면 지금의 '근의 공식'을 유도하는 과정과 같다. 3세기경 그리스의 디오판토스도 방정식을 체계적으로 정리한 이로 알려져 있다. 대수식은 이처럼 방정식의 개념이 오래되었다는 점을 고려하면 문자식을 도입하기 전인 5, 6학년에서도 조건에 맞는 어떤 값을 구하는 방법을 찾아보는 것도 좋겠다. 이때 여러 가지 방법으로 궁리하고 맞추는 시도를 많이 하고 7학년에서 문자를 이용해 관계식을 표현하는 단계로 나아간다.

"자전거 주인들은 자기의 바지 안쪽 길이를 다 알잖아요."

워낙 관심 있는 소재라 아이들이 서로 질문과 대답을 알아서 주고받기 시작했다.

"꼭 그런 건 아니지. 어떤 손님이 와서 다른 사람 자전거인데 안장이 움직였다고 고쳐 달라 그러면, 자전거 주인이 없으니 바지 안쪽 길이를 잴 수도 없고 이럴 땐 프레임 높이라도 재어서 해야지."

"그 주인더러 와 보라 하면 되지. 그러면 금방 재 볼 수 있잖아."

"야, 그런 거 하지 않아도 이 식이면 해결된다고."

이렇게 대화가 오가는 사이에 한 학생이 진지한 표정으로 손을 들더니 말했다.

"선생님, 바지 안쪽 길이를 구하지 않아도 프레임 높이를 찾을 수 있을 거 같아요."

그 학생은 아래의 표에서 규칙 한 가지를 찾았다. 안장의 높이에서 프레임의 높이를 빼니 나오는 값들끼리도 규칙이 있다는 거다. 표에서 한 칸을 추가해서 각 길이에 따른 안장과 프레임 높이의 차이를 구했다. 이 학생은 바지 안쪽 길이가 $5cm$씩 늘어날 때마다 $2.1cm$씩 커진다는 점을 발견했다. 이것을 식으로 다시 쓰면 다음과 같다.

바지 안쪽 길이(cm)	70	75	80
① 안장의 높이(cm)	75.6	81	86.4
② 프레임의 높이(cm)	48.2	51.5	54.8
①-②(cm)	27.4	29.5	31.6

　　　　　　　　　　└→ +2.1 ┘　└→ +2.1 ┘

"정말 재밌는 걸 찾았네. 그러고 보니 커지는 값이 일정하구나."

"선생님, 저 다른 규칙 찾았어요. 바지 안쪽 길이가 5 cm만큼 커지니까 안장은 5.4cm씩, 프레임은 3.3cm씩 커져요."

바지 안쪽 길이의 변화를 두 배로 하여 10cm씩 늘어날 때 얼마나 커지는지를 찾았다면, 안장의 높이는 10.8 cm씩, 프레임의 높이는 6.6cm씩 커진다는 것을 알 수 있다. 이를 다시 1cm마다 늘어나는 값을 구하기 위해 10으로 나누면 안장의 높이는 1.08cm, 프레임의 높이는 0.66 cm씩 커지는데, 이 숫자는 주어진 식에서 바지 안쪽 길이에 각각 곱해져 있다. 공식을 다시보자.

●●●●●●●●●●●●●●●●●●●●●●

안장의 높이(cm)=바지 안쪽 길이×1.08

프레임의 높이(cm)=바지 안쪽 길이×0.66+2

그런데 이 가정이 맞으려면 다른 값일 때도 일정한 차이를 유지하는지 확인해야 한다.

'이 녀석들 봐라. 이건 선형대수인걸. 1차 함수의 기울기까지 끌고 가 볼까?'

별 생각이 다 들었다. 나는 원래 목적을 잊고는 아이들과 탐색을 시작했다. 아이들이 자극받기 시작했고 시끌벅적 여기저기에서 온갖 추측이 난무하였다. 그러나 예상한 것들 대부분이 안쪽 길이를 50cm나 60cm 등 다른 값으로 바꾸었을 때 적용이 안 된다는 것을 인정하게 되었고 앞에서 언급한 식과 이 숫자들의 관계를 발견하기에 이르렀다. 이렇게 찾은 규칙으로 바지 안쪽 길이가 50cm나 60cm일 때 안장과 프레임의 높이를 예상할 수 있었다.

그 다음 '① - ②'의 값을 활용해 구한 값이 맞는지도 검산했다.

처음의 학생이 찾은 2.1cm 역시 앞에서 유도한 방법으로 찾아갔다. 바지 안쪽 길이가 5cm 커졌을 때 안장과 프레임 높이의 차이가 2.1cm만큼 나므로 바지 안쪽 길이가 1cm 커진다면 안장과 프레임 높이의 차이도 2.1을 5로 나누어 0.42cm가 된다는 것을 알 수 있다. 그러면서 주어진 두 식에서 바지 안쪽 길이에 곱해지는 수인

바지	70	80	
안장	75.6	?	
프레임	48.2	?	

안장=바지×1.08

프레임=바지×0.66+2

안장은 1cm씩 커질때마다 1.08씩 더

가 커지면 바지에 10.8씩 더해야 한

프레임은 1cm씩 커질때마다 0.66씩 ㄷ

가 커지면 바지에 6.6씩 더해야 ㅎ

80의 안장과 프레임을 구하려면 70

에 10.8을 더하고, 프레임인 48.2에 6

80의 안장은 86.4이고 프레임은 54.8

1.08-0.66은 0.42이고 10을 곱ㅎ

이다 70의 안장-프레임인 27.4

하면 31.6은 80의 안장-프레임이

바지 안쪽 길이(㎝)	70	80
① 안장의 높이(㎝)	75.6	?
② 프레임의 높이(㎝)	48.2	?

그림34. 안장은 1㎝씩 커질 때마다 1.08씩 더해지니까 10㎝가 커지면 바지에 10.8㎝씩 더해야 한다. 80㎝의 안장과 프레임을 구하려면 70㎝의 안장인 75.6에 10.8㎝를 더하고, 프레임인 48.2㎝에 6.6㎝를 더한다. 그러면 80㎝의 안장은 86.4㎝이고 프레임은 54.8㎝가 된다.

바지	70	75	80
안장	75.6	?	?
프레임	48.2	?	?

우리는 위에 표에 물음표 부분을 채울 수 있다.
아래 식을 보자.

안장 = 바지×1.08 / 프레임: 바지×0.66+2
먼저 80의 안장을 구해보겠다.

70과 80은 10차이다. 이 차이로 안장식의 1.08에 10을 곱하여 10.8로 만든다. 75.6에 10.8을 더해 물음표를 86.4로 만든다.

프레임도 똑같이 프레임 식의 0.66곱하여 6.6으로 만들고 48.2에 6.6을 더해 54.8원만 된다. 이 식이 평가한지 안 간이면 75.6에서 48.2를 뺀다. 20.4가 나온다. 똑같이 위식에서 1.08-0.66을 해본다. 그러면 0.42가 나온다. 이것도 십을 곱하여 4.2로 만든다. 48.2에 4.2를 더한다면 54.8이 나오므로 이 값은 맞다.

바지	70	75	80
안장	75.6	?	86.4
프레임	48.2	?	54.8

가운데도 똑같이 구한다.

바지	70	75	80
안장	75.6	81	86.4
프레임	48.2	51.5	54.8

바지 안쪽 길이(cm)	70	75	80
① 안장의 높이(cm)	75.6	?	?
② 프레임의 높이(cm)	48.2	?	?

그림35. 우리는 위의 표에서 물음표 부분을 채울 수 있다. 먼저 80cm의 안장 높이를 구해 보자. 70cm와 80cm는 10cm 차이다. 이 차이로 안장식의 1.08에 10을 곱하여 10.8로 만든 다음 75.6cm에 10.8cm를 더하여 바지 길이가 80cm인 안장의 높이에 86.4cm라 쓴다. 프레임도 똑같은 계산 과정을 거쳐서 54.8cm를 구해서 쓴다.

'1.08cm-0.66cm'로부터 0.42cm라는 값이 나온다는 것도 찾았다.

　이 과정은 매우 복잡했다. 아이들은 바지 안쪽 길이를 식에 넣고 소수 나눗셈을 하지 않아도 된다는 점에 만족했으나 그 덕에 훨씬 많은 소수 계산을 했다. 그러나 자신들이 발견한 것을 이용하여 문제를 해결하기 때문인지 공감을 가득 안고 서로 즐겁게 토론하고 탐색에 몰두했다. 다들 만족할 즈음 한 학생이 질문했다.

　"선생님. 뭔가 이상한데요. ① - ②에서 보면 10cm 늘어날 때마다 4.2cm씩 커지잖아요. 그러면 바지 안쪽 길이가 70cm일 땐 7×4.2니까 29.4cm여야 되는데 왜 표에서는 그 값이 27.4cm예요?"

　마침 수업을 마치는 종이 쳤고 이 질문을 해결할 방법을 다음 시간까지 한번 생각해 오라고 하면서 수업을 마무리했다. 다음 수업에서 이 질문은 프레임을 구하는 식의 꼬리에 붙은 2를 아이들이 알아채면서 생각보다 쉽게 넘어갔다. 그러면서 반복해서 나오는 값을 간단하고 구별도 잘 되도록 표현하기 위해 문자를 쓰기로 했다. 아이들답게 안장의 높이는 '아' 발음이 들어가는 'A', 바지 안쪽 길이는 '바'의 'B'로 하고, 프레임의 높이는 'P'라 하고 다시 식을 썼다. 아이들은 반복하여 말하고 적느라 익숙해졌는지 문자로 바꾸어도 그것이 가진 추상성에 저항감이 없었고 그 문자를 보며 의미를 풀어 해설했다. 문자는 그저 표현의 편리함을 위해 거들 뿐이다.

당시 아이들은 역사 수업에서 근대사를, 천문학에서 지동설을 공부하고 있었다. 그만큼 익숙한 직관보다 자료에 의한 정리나 판단을 배우는 시기였다. 숫자의 나열에서 규칙을 가정하고 다시 적용해서 확인한 후 '이 식은 맞다'는 서술을 보며 문득 수학에서도 근대인의 면모를 보이고 있다는 생각이 들었다. 그러나 '문자는 다만 거들 뿐' 문자의 연산을 할 수 있다고 해서 추상적인 사고가 된다고 보기는 어렵다. 대수식을 다룰 때 중요한 것은 문제 상황을 다루는 과정을 세대로 밟아 나가야 한다는 점이다. 즉 논리적인 맥락을 유지해야 한다. 이런 배경에서 '유클리드 기하학*'은 아이들이 어떻게 논리를 전개해 가는지를 알려 주며 대수식과 함께 아이들의 사고 능력을 키우는 데 도움을 준다.

* 유클리드 기하학Euclidean Geometry, 기원전 3세기 그리스의 수학자이자 철학자인 유클리드Euclidean에 의해 구축된 수학의 체계로서 2000년 동안 그 권위에 흔들림이 없었으며 서양 철학과 과학에 큰 영향을 미쳤다. 유클리드는 당시 알려져 있던 수학적 발견들을 종합하여 왜 이것이 성립하는지 최초로 연역적으로 증명을 한 인물이다. 그가 쓴《원론Elements》은 모두 13권으로 되어 있으며 다섯 개의 공리와 다섯 개의 공준으로부터 465개의 정리를 이끌어 냈다.

엄밀성, 정확함 그리고 노력

아이들이 어느 정도 추상성을 획득하면 이 추상성이 단단한 구조를 갖출 수 있도록 논리적 사고의 기초를 쌓을 필요가 있다. 따라서 7학년 2학기에는 유클리드 기하학을 공부한다.

"삼각형이 뭐지?"

"세 변으로 이뤄진 거요."

"세 변이 뭐지?"

"음…… 세 선?"

"그러면 이런 것도 삼각형일까?"

"에이, 그런 삼각형이 어디 있어요?"

"세 선이면 된다고 했잖아?"

"아니 아니, 그냥 선이 아니라 선분이요."

"그러면 삼각형을 다시 정의해 볼까?"

"세 선분으로 이루어진 도형이요."

"그런데 선분이 뭐지?"

유클리드는 당시 스콜라Schola 학파의 궤변을 피해

가기 위해 누구도 반론을 제기할 수 없을 만큼 정제되고 간결한 문장으로 개념을 만들고자 했고,《원론》에 들어 있는 정의와 명제의 증명은 제자들과 많은 토론으로 완성되었다고 한다.

일정 정도의 추상적인 사고력을 획득한 아이들은 무엇이든 '왜'라고 묻는다. 궁금해서가 아니라 '왜 내가 당신의 의견에 따라야 하는가?'라는 반감의 표시다. 게다가 고집도 강해져서 여간해서는 굽히지 않는다. 이런 아이들과 증명을 공부하기란 정말 큰 모험이다.

아이들도 마찬가지다. 해마다 유클리드 기하학 수업을 시작하면 아이들이 먼저 긴장하여 교사가 칠판용 컴퍼스와 각도기, 자를 들고 교실에 들어서면 '드디어 올 것이 왔구나!' 하는 표정이다. 이 수업을 경험한 선배들이 모험담처럼 늘어놓기 때문이다.

합의되지 않은 개념은 의미가 없고, 전제되지 않는 개념은 그것의 옳고 그름을 떠나 사용할 수 없다. 처음에는 아이들이 좀처럼 받아들이지 않는다. 다 옳고 다 맞는데 언제는 써도 되고 언제는 안 되는지, 게다가 딱 보면 알겠는데 이렇게 당연할 걸 뭘 밝혀야 하는지. 지난 2~3년 나름대로 자기 생각을 정리해 왔는데 이제와 형식을 맞추라니……. '난 내 방식이 좋다고요!'라며 버

1. 명제 4 증명하기

두 삼각형이 있을 때, 한 삼각형과 다른 삼각형의 두 변의 길이가 같고, 사이에 낀 각이 같을 때 이들 삼각형은 일치하며 나머지 변과 각도도 같아진다.

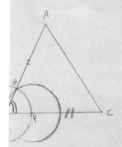
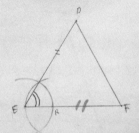

1. 삼각형 ABC를 움직여서 삼각형 DEF에 포개놓는다. (점 A를 점 D에, 변 AB를 변 DE에 포개놓는다.)
2. 변 AB와 변 DE의 길이가 같으면 점 B와 점 E는 일치하게 된다. (공리 4)
3. 변 AB와 변 DE가 일치한 상태에서 각 ABC와 DEF가 같으므로 변 BC와 EF가 일치하게 된다.
4. 변 BC와 변 EF의 길이가 같으므로 점 C와 점 F도 일치하게 된다. (공리 4)
5. 삼각형은 3개까지 선분의 포개어진 도형이다.
6. 변 AC와 변 DF가 직선이므로, 점 A와 D, 점 C와 F가 일치하므로 변 AC와 변 DF가 일치하게 된다. (공리)
7. 결과적으로 삼각형 ABC와 DEF가 일치하여, 두 삼각형은 1도 같다. (공리 4)
   그러므로 각 BAC와 각 EDF, 각 ACB와 각 DFE는 같고 변 AC와 변 DF도 같다.

그림36. 변 AB와 변 DE의 길이가 같으므로 공리4에 의해 점 A와 점 D 는 일치한다. 아이들이 정리와 공리 표를 옆에 놓고 한 문장씩 넘어갈 때 마다 정의와 공리를 적용하며 한 걸음씩 나아간다. 유클리드 기하학 수 업이 진행되는 동안 다른 과목 교사들도 시달린다. 아이들이 틈만 나면 "왜 그래요? 증명해 보세요."라며 방금 배운 기술을 써먹기 때문이다.

티는 아이들로 인해 유클리드 기하학을 공부하는 동안 교사와 아이들의 기싸움은 계속된다.

이러다 보니 증명 하나를 만드는 데 한 시간을 쓰고도 모자란다. 과제로 이를 완전히 익히고 발표까지 하려면 긴장과 피로의 강도가 높은 주제임에 틀림없다. 이처럼 과정도 내용도 어려운데 묘하게도 이 수업이 마무리될 때 학생들의 성취도가 가장 높다. 어려운데 명확한 방법과 길이 있어서 그 단계를 밟았을 때 해결되는 경험이 희열을 느끼게 한다. 그러므로 나는 수포자가 생기는 이유가 수학이 어려워서가 아니라 과정에서 소외되기 때문이라 여긴다. 자기에게 의미 없는 일을 하는데 흥미를 느낄 이가 몇이나 있겠는가?

그래서 교사의 역할은 학생들 앞에 서서 길을 가르쳐 주는 게 아니라 같이 가는 것이라 했다. 늘 이런 경구를 마음에 담고 수업에 반영하려 하지만 각자의 속도가 다른데 서로 맞추어 함께 가기란 여간 어려운 일이 아니다.

유클리드 기하학 수업이 거의 끝날 무렵 '피타고라스의 증명'을 공부한다. 피타고라스의 증명 방법은 너무나 많은데 유독 유클리드가 귀납적으로 증명한 데는 이유가 있듯이, 교사들도 반 아이들의 성향과 그 당시의 필요에 따라 여러 방법 중 한 가지를 택한다.

　피타고라스의 정리가 아이들에게 미치는 영향은 막강하다. 여러 해 반복해서 등장하되 조금씩 모습을 달리하더니, 가장 어렵다는 '증명'의 정점에 다시 나타나기 때문이다. 이 정리는 자연수를 새롭게 해석하는 5학년 때 처음 소개된다. 물론 증명의 형태가 아니라 점 9개와 16개 그리고 25개를 정사각형 형태로 나열한 후, 각 정사각형의 한 변씩 모여 삼각형을 이루게 만든다. 그러면 이 삼각형이 직각삼각형의 모양이 됨을 눈으로 확인하는 수업이다. 6학년에서 넓이를 공부할 때 $1cm^2$ 단위넓이를 가진 1×1 정사각형의 조각으로 $9cm^2$짜리와 $16cm^2$짜리 정사각형을 만들고, 이를 모아서 $25cm^2$ 정사각형이 나오는 것을 직접 만들어 확인한다. 제곱수 표를 보면서 제곱수끼리 관계나 제곱수끼리의 합이 다시 제곱수가 되는 경우도 끙끙대며 찾은 기억이 있는데 다시 피타고라스의 정리를 만난 것이다.

　그런데 지금까지 했던 구체적인 예는 의미가 없고 누구도 반박할 수 없는 방법으로 증명을 하라는 거다. 특히 피타고라스의 정리를 유클리드 식으로 증명하려면 삼각형의 합동 조건이 성립하는 공리를 찾고 사각형 등적 변형, 정사각형의 성질이나 평행선의 정의까지 적용

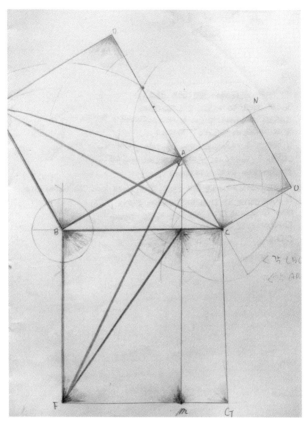

그림37. 이 학생은 피타고라스의 정리를 증명하기 위하여 필요한 도형을 모두 정확하게 작도했다. 그래야 증명의 엄중함을 이해할 수 있다. "직각삼각형은 직각을 낀 두 변의 제곱을 더하면 빗변의 제곱과 같다." 모든 직각삼각형은 언제나 이 정리를 만족한다. 또 이 정리를 만족하는 삼각형은 모두 직각삼각형이다. 이렇게 간명하고 단호하며 이의를 달 수 없는 문장이 또 있을까? 아이들이 열광하는 데는 이유가 있다.

해야 하니 이 증명을 완전히 끝내는 데 적어도 두 시간은 걸린다.

마지막 문장인 '따라서, $\overline{BC}^2 = \overline{AB}^2 + \overline{AC}^2$이다'를 공인받기 위해 아이들은 이 시간을 기꺼이 견딘다. 그 정도로 이 증명법에 묘하게 이끌리는 것이다. 이것은 자신들이 공부하는 수학이 완전히 달라진다는 의미다. 그래서인지 유클리드 기하학 공부가 마무리되면 마치 자신들만이 알고 있는 비밀인 듯 증명이 뭔 줄 아느냐고 후배들에게 떠들었던 아이들이 오히려 조용해지고 생각의 깊이가 생긴다.

이 준비는 전부터 이루어진다. 6학년 도구기하 수업에서 아이들은 컴퍼스와 눈금 없는 자를 이용하여 도형을 그리거나 분할하는 작도를 한다. 6학년에서 이 작업을 통해 자연의 원형을 파악하고 변화와 생성의 비밀을 알았다면 7학년에서 정다각형의 작도에 대한 증명을 시도한다. 물론 6학년 아이들도 작도 후 컴퍼스를 벌려서 중심바늘과 연필의 간격을 한 변의 길이에 맞춘 다음 다른 변에도 맞춰 보아, 그 길이가 같아진다는 것을 신기하다고 느끼며 이유를 궁금해한다. 그 궁금증을 7학년이 되어 유클리드 기하학 수업에서 증명하게 되니 기다림만큼 아이들의 집중도가 높아진다. 사춘기에 들

그림38. 5학년 맨손기하 시간에 그린 학생 작품. 컴퍼스나 자와 같은 도구를 쓰지 않기 때문에 '맨손기하'라 한다. 발도르프학교는 1학년부터 여러 형태의 선을 연습하므로 아이들은 굳이 자를 쓰지 않아도 곧게 선을 그을 수 있으며 컴퍼스 없이 길이나 각의 분할이 가능하다. 손과 눈의 감각만으로 그렸음에도 이 도형은 균형이 잘 잡혀 있고 컴퍼스로 작도한 것보다 훨씬 생생하며 아름답다.

어서는 청소년들의 심리를 고려할 때, 조건을 만족하면 필연적으로 나타나는 결론이 자신들의 행위에 대한 강력한 근거를 갖고 싶어 하는 그들에게 안도감을 주는 것 같다.

　돌이켜 보면 꽤 긴 시간이 걸렸다. 예를 들어 선분의 중점을 찾는 방법을 보자. 5학년까지는 눈으로 보거나 손으로 재어서 가장 가운데라고 여기는 곳에 점을 찍는다. 그 점이 중점인지 확인하는 방법은 다시 손으로 재어 보면 된다. 대부분의 분할이 이렇게 이루어진다. 분수 수업으로 몸에 익힌 비율을 적용한 나의 측정 실력과 응용력이 가장 중요한 관건이다. 반면에 6학년이 되면 나의 경험보다 도구인 컴퍼스에 의존하여 중점을 찾는다. 게다가 컴퍼스는 내 의도대로 움직이지 않으므로 정확한 작도를 위해 손과 팔의 힘을 섬세하게 조정해야 한다.* 원둘레를 등분하여 정다각형을 작도할 때 약간의 오차가 생겨도 도형이 찌그러져서 과정의 오류가 그대로 드러난다. 이런 이유로 처음엔 대충 그리던 아이들이 스스로 자세를 바로잡고 정확하게 선을 긋고 점을 찍기 위해 신중을 기한다. 수학적 엄밀성과 정확함이 얼마나 중요한지를 처음 깨달았으나 아직은 왜 그런지 알 수가 없다. 누가 이 방법을 어떻게 알아냈을까? 이러한 의문이 7학년을 거치며 해결이 되기 시작한 것이니 아이들은 이런 귀결에 감동하면서 자신도 모르게 감탄사를 터뜨린다.

---

* 컴퍼스를 찾아 연필을 끼워 원을 그려 보자. 원하는 크기만큼 컴퍼스의 두 발을 벌린 후 중심에 컴퍼스의 바늘을 꽂고 연필이 그리는 선이 원래 상상하던 원이 되는지 확인해 보자. 이때 원칙이 있다. 바닥의 종이를 움직이지 말 것. 한번 시작하면 멈추지 말고 같은 속도로 그릴 것. 또한 한번에 그려야 하며 선이 끊긴다 하여 뒤로 돌아가지 말 것.

그림39. 정오각형 작도법 중.

① 일단 공책(종이도 됨)을 어림잡아 오른쪽, 왼쪽으로 반을 나눈다.

② 이제 원을 그려야 한다. 컴퍼스를 (자로 정확하게) 4㎝로 벌려 공책의 왼쪽에 컴퍼스의 중심을 놓는다.

③ 그런 다음 방금 그린 원둘레 오른쪽에(최대한 먼저 그린 원의 중심과 나란하게) 중심을 찍어서 2번과 똑같은 원을 그린다. 그러면 올림픽 마크의 특징인 고리가 2개 겹친 모양이 된다. 두 개의 고리가 두 점으로 만날 것이다. 이 점을 잇는다.

④ 두 원의 중점을 이으면 3번에서 이은 선과 만나서 + 모양이 나온다. + 모양의 가운데를 A라 한다.

⑤ 이제 + 모양에서 가로줄 끝은 두 원 중심인데 그 중심에서 가로줄에 직각이 되게 선을 긋는다. 그러면 H자 모양이 나온다. (이후는 생략)

수학적 서술은 간결하고 정확해야 한다. 이 글은 두 번의 수정을 거쳤지만 아직도 서툴다. 아이들은 이렇게 시작하며 한걸음씩 나아간다.

학년이 올라갈수록 대수와 기하는 밀접하게 연결되어 서로에게 도움이 된다.

8학년의 마지막 학기에 도형의 닮음을 공부하는 시간이었다. 아래의 '유명한' 도형을 놓고 마치 숨은그림찾기처럼 닮은 직각삼각형을 찾아냈다. 다음은 닮은 삼각형은 각각 대응변의 비도 같다는 성질에 따라 세 가지의 등식을 정리했다.

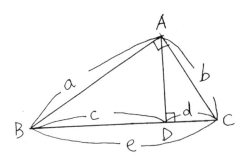

이에 따라

삼각형 ABC와 삼각형 DBA에서 a : c = e : a이고

이에 따라 $a^2 = c \times e$

삼각형 ABC와 삼각형 DAC에서 b : d = e : b이고

이에 따라 $b^2 = d \times e$

이 식이 성립됨을 알았다. 여기까지 오기가 순탄치는 않지만 평범한 내용이었다. 그런데 한 학생이 손을 들더

니 질문이 있다고 했다. 뭔지 이야기해 보라 하니 잠시 머뭇거리다가 말했다.

"아…… 닮음 하고 있는데 넓이가 나오니 좀 이상하기는 한데요. 아무리 봐도 지금 쓴 식은 정사각형과 직사각형 넓이 얘기 같아서요."

말로 설명하기 어려운지 나와서 해 보겠다고 했다.

"이거 a^2은 한 변의 길이가 a인 정사각형 넓이고 $c \times e$는 두 변의 길이가 c랑 e인 직사각형 넓이잖아요."

학생이 칠판에 그려진 도형을 짚어 가며 설명을 해 나가자 다른 학생이 도왔다.

"그러면 b^2도 정사각형 넓이네. $d \times e$도 넓이고."

"그래서 이상하다는 거야. 우리 닮음비 하고 있잖아. 길이 가지고 식 만드는데 왜 넓이가 눈에 보이냐고."

이 학생의 발견이 정확했다. 우리는 $a^2 = c \times e$와 $b^2 = d \times e$라는 식에 나오는 각각의 수식을 도형의 넓이로 취급해서 그 문자의 길이만큼을 각 변으로 하는 사각형을 그리기로 했다.

a^2은 직각삼각형의 한 변 a에서 정사각형을 그려서 그 넓이를 $a \times a$라고 정사각형의 내부에 썼다. b^2도 직각삼각형의 다른 변에 정사각형을 그려 넓이로 표시했다. 그런 다음 길이가 c와 e인 선분을 찾았더니 둘 다 빗

변 위에 있었다. c를 놓아두고 c에 직각이 되도록 선분 e를 옮기기로 했다. 방법은 간단하다. 점 B를 중심으로 하며 반지름이 e인 원을 그린다. 그런 다음 변 $\overline{BC}$와 수직이 되도록 하여 빗변의 아래쪽으로 직선을 긋는다. 이 직선과 원이 만나는 점을 찾으면 그 점과 점 B까지 거리가 e가 된다. 이렇게 가로와 세로의 길이가 c와 e인 직사각형을 작도하였다. 같은 방법으로 가로 d와 세로 e인 직사각형을 작도하면 그림40이 나온다. 그러고 나니 완벽하게 피타고라스의 정리를 증명하는 그림이 되었다.

이렇게 또 다른 방법으로 피타고라스의 정리를 증명하다니! 아이들은 깜짝 놀랐다.

"봤지?!"

나와서 설명을 한 학생은 많이 쑥스러워하면서 찬사에 응하느라 한껏 들떴다.

이 발견을 한 학생은 수학을 즐기는 편이 아니었다. 굉장히 오래 생각하고 묵혀서 자기 것으로 만들기 때문에 대수보다 직관적인 도형을 이용하는 기하학 시간을 좋아했다. 이 수업에서도 직각삼각형을 그릴 때 즐겁게 참여했으나 처음과 다르게 갑자기 여러 가지 닮음비를 표시하는 문자가 주문처럼 쏟아져 나오자, '이 무슨 변고인가……' 하는 표정으로 칠판을 응시하던 참이었다.

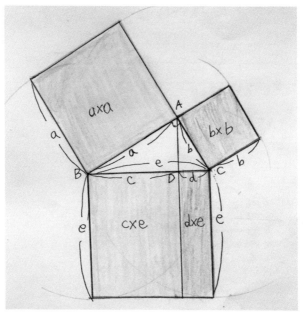
그림40. a^2=ce, b^2=de를 도형의 넓이로 표현하였다.

그 덕에 이 학생만이 이 그림에 숨겨져 있던 또 다른 법
칙을 찾아낼 수 있었고, 반 아이들과 교사인 나도 살아
있는 수업을 경험했다. 학생은 공책 정리를 단숨에 해
냈다. 개념을 완전히 파악하고 나니 역시 문자는 거들
뿐이었다.

대수식을 더 좋아하는 학생들도 있다. 다음과 같이
익숙한 규칙 찾기를 이용해 주어진 상황을 해석해 나간
다. 그러면서 두 가지 요소가 얽혀 있는 복잡한 표에서

3	9	11	13	15	17	19	21	23	25	27	29
2	6	8	10	12	14	16	18	20	22	24	26
1	3	5	7	9	11	13	15	17	19	21	23
0	0	2	4	6	8	10	12	14	16	18	20
	0	1	2	3	4	5	6	7	8	9	10

25가 나오는 규칙.

처음에 제일 위에 있는 25를 찾은 후.
오른쪽으로 3칸 움직이고
밑으로 2칸 움직인다.

경우들을 터주는 식?
1. 2인용 7개, 3인용 1개 → -2
2. 2인용 5개, 3인용 5개 → -2
3. 2인용 3개, 3인용 8개 → -2
4. 2인용 1개, 3인용 1개 → -2

2인용비:A   1. 2A+7B=25
3인용비:B   2. 5A+5B=25
           3. 0A+3B=25

어느 학교에 연필과 지우개를 묶어서 팔고 있다.
그곳에 연필은 250원에 팔고, 지우개는 150원에 판다.
그리고 하루 동안 돈을 받았더니 1050원이 있었더라.
연필은 또는 지우개를 몇 개나 팔았나?
답) 연필3개 지우개 0개, 지우개 7개.

	1500	1650	1800	1950	2100	2250	2400	2550
	1250	1400	1550	1700	1850	2000	2150	2300
	1000	1150	1300	1450	1600	1750	1900	2050
	750	900	1050	1200	1350	1500	1650	1800
	500	650	800	950	1100	1250	1400	1550
	250	400	550	700	850	1000	1150	1300
		150	300	450	600	750	900	1050
0	1	2	3	4	5	6	7 지우개

위의식. 표에서 희생표 하나를 선택하고 희생표 낮췄다 표로 옮
기면 어떻게 했나?
연필 + 지우개만큼 숫자가 올라간다.

그림41. 두 요소 사이의 관계식에서 숫자가 어떻게 변하는지를 관찰해 규칙을 찾고 이로부터 관계식을 만드는 과정이다. 이렇게 접근하니 두 문자의 합이나 차가 의미하는 바를 이해하기 쉬웠고 이 개념을 직선과 연결시키는 것이 자연스러웠다.

관계식을 찾아내고 이를 별 문제없이 식으로 표현한다. 여기서 멈춘다면 그저 경험만 쌓고 더 이상 발전이 없다. 이를 직선으로 나타낼 때 어떤 모양일지 상상하고 그려서 확인까지 해 봐야 추상적인 사고의 단계까지 나아간다.

이 시기의 아이들은 각자 서 있는 지점에서 자기만의 시선으로 배움을 받아들인다. 이 아이들을 움직이는 동력은 무엇일까? 수를 처음 알게 되었을 때의 놀라움부터 추상적인 사고에 이르기까지 모든 여정에서 '자신에게 들어와 있는 세상'이다. 어려서부터 밟아 왔던 단계, 즉 경험하고 상상한 후 개념으로 만들어 온 습관이 그 힘을 보호하고 키워 준다. 그렇게 되면 개념 속에서도 세상은 살아 있고, 아이들은 그 속에서 마음껏 성장할 수 있다.

3부

해결의 열쇠는
수업에 있다

지금까지 푸른숲발도르프학교 8년간의 수학 수업을 간단하게나마 소개했다. 책은 편의상 아이들이 학교에 입학하여 8학년을 마칠 때까지의 흐름으로 엮었다. 어떤 수업 내용은 10여 년 동안 꾸준히 이어 왔고 어떤 내용은 최근에 시도된 것이다. 시도할 때마다 고민이 많이 따랐다.

사실 수학 수업은 위계질서와 치밀한 사고를 앞세우기에 기본적으로 긴장도가 높기 때문에 아이들이 숨 쉴 수 있는 이완의 시간을 수업 안에 균형 있게 배치하는 게 중요하다. 저학년에서 음악 같은 여러 움직임을 익히고 나서 연산을 접하면, 아이들은 이미 받아들일 준비가 되어 있어 어떤 활동을 해도 고스란히 아이들에게 닿는다. 이처럼 저학년에서 수업 내용이 아이들에게 깊게 스며들수록 고학년의 수업은 힘을 얻는다. 의지를 발현하는 에너지는 어릴 적 받아들인 세상으로부터 오기 마련이다.

학년이 오르면 저학년 때의 수업과 달리, 규칙을 찾는 암산 등으로 수업의 리듬을 유지한다. 이때는 기하학*과 같이 현상 속에서 본질을 관찰하고 의견을 논리적으로

* 기하학 수업은 다양한 다각형을 작도할 뿐 아니라 색을 입힌다. 작도라는 엄밀한 작업과 도형 사이의 관계에서 발견할 수 있는 변형의 자유로움과 아름다운 색이 어우러져 수학적 상상력을 강화시킨다. 5, 6학년의 기하학은 7학년 이상에서 증명과 연결된다.

세우는 사고활동이 점점 강조된다.

　교사의 고민은 '살아 있는 활동이 사고로 전환하는 이 순간*'에 수학 수업의 위기가 있다는 점이다. 흔히 최초 수포자는 분수를 배우며 나온다고 하는데 우리 학교에서는 대체로 이 시기는 잘 넘어가는 편이다. 그러나 7학년에 이르러 수업의 구조에 확실한 변화가 자리 잡히면 수학을 힘들어하는 아이들의 수가 어쩔 수 없이 늘어난다. 그렇게 공을 들여 한 활동과 그 속에서 발견의 기쁨을 유도하는 수업이, 아이들의 의지를 강화하기에는 역부족인 걸까? 위기를 만날 때 이를 극복할 수 있는 기본 체력을 확보하려면 무엇을 바꾸어야 할까? 어디에서 빠진 고리를 찾을 수 있을까? 우리**는 최근 몇 년 동안 이러한 문제의식을 가지고 방법을 모색해 왔으며 약

---

* 12년제 학교인 푸른숲발도르프학교에서는 보통 6학년에서 8학년까지를 이 시기로 보고 있다. 따라서 6학년이 되면 실험과 관찰이 있는 과학 수업을 본격적으로 시작하며, 보고서를 쓸 때 '사실'과 '느낌'을 구별하여 쓰는 연습을 한다. 6학년의 과학실험 보고서와 수학 백분율 수업을 시작으로 7, 8학년은 아이들이 변하는 모습만큼이나 수업의 강조점이 바뀐다.

** '우리'라 함은 푸른숲발도르프학교에서 수학 수업을 하는 담임 교사들과 다른 과목 교사들을 칭한다. 나는 현재 6학년에서 8학년까지 수학을 담당하고 있고 다른 학년의 수학 수업은 담임이 한다. 담임들은 수학 수업을 준비하면서 나와 수업에 관한 논의를 자주 하는데 이때 질문의 방향과 내용을 조정한다. 이를 가지고 수업을 해 본 교사들이 주는 피드백, 함께 있던 과목 교사들이 자신들의 수업에서 얻은 경험 등이 모여 집단 지성을 이룬다.

간의 실마리라고 느껴지는 지점이 꽤 있다. 결국 무엇이든 아이들의 자발적인 의지를 어떻게 지속적으로 유지시키는가에 달려 있었고 모든 해결의 열쇠는 수업 속에 있었다.

수업의 주체를 아이들에게 양보하기

아무리 좋은 소재와 내용으로 수업을 아름답게 만든다 해도 아이들이 관객으로 머물면 아무 소용이 없다. 주입식으로 정보 전달만을 목표로 하는 것도 경계해야 하지만, 지나치게 자상한 안내와 교사의 퍼포먼스가 수업 시간을 꽉 채우는 것도 조심해야 한다. 이런 수업에 익숙해지면 정작 교사가 빠진 자리를 아이들이 채우려 하지 않으며, 설사 그런 기회가 오더라도 교사만큼 해 낼 수 없다고 여기며 스스로 시도하기를 주저한다.

아래는 요리 만들기 재료 문제를 풀며 겪은 경험이다.

수학 교사는 질문1에서 보는 문제가 비례식을 파악하는 데 매우 좋은 기회라는 걸 안다. 나는 처음 이 문제를 활용할 때 1인분을 먼저 구하고 그 다음에 3인분을 구하도록 친절한 표를 만들었다. 그러다가 언제부터인가 그런 팁을 주지 않고 조별로 마련할 재료의 양을 정확하게 찾아서 가져오라고만 했다. 그러자 어느 팀

(질문1) 맛있는 햄 마요 덮밥을 만들어 봅시다.
아래 레시피는 4인분을 준비하는 분량입니다.

〈덮밥 재료〉

햄 200g

양파 2개

계란 8개

양송이버섯 4개

김, 통깨 적당히

〈소스 만들기〉

간장 16큰술

설탕 4큰술

미림 2큰술

마요네즈 8큰술

이 레시피에 의해 3인분의 햄 마요 덮밥을 만든
다면 재료를 얼마나 준비해야 할까요?

도 1인분의 양을 구한 다음 조원의 수를 곱하는 방법을 쓰지 않았다. 교사나 교과서가 제공하는 방법은 너무나 완벽하여 이를 이용하면 효율적일지 모르나 아이들의 사고 패턴에 가깝다고 보기 어렵다.

게다가 이렇게 터득한 지식은 수학 공책에 정리할 내용으로만 인식되어 정작 생활에서 활용할 생각을 하지 않는다.

그러니 수업 시간에 아무리 이런 종류의 문제를 푼들 실제 요리를 할 때 이 지식이 사용되지 않는다. 이런 문제는 실제 만들어 보는 경험을 먼저 하고 나서 다룰 때 유효하다. 저학년과 마찬가지로 활동이 있고 그 활동을 정리하는 단계가 있어야 살아 있는 수학적 사고가 완성된다. 물론 제한된 수업 내에서 요리하는 시간을 확보하기란 만만치 않지만, 하고자 결정만 하면 학급 여행을 갈 때나 다른 수업 시간의 도움을 받아 진행할 수 있다. 물론 중요한 것은 처음부터 끝까지 계획하고 준비하는 과정이 아이들의 몫이어야 한다는 점이다. 이때도 교사는 한 가지 원칙만 제시하면 된다. 필요한 재료의 양을 정확히 계산할 것. 좋아하는 요리를 할 수 있는 기회를 잡기 위해 아이들은 전에 없는 수학적인 능력을 발휘한다. 아이들에게는 수학이 이렇게 쓰임새 있는 과목이 될 때 가치가 있다.

그러니 이 문제를 제공할 때 유일하게 교사가 할 일은 비례식을 쓰라는 조언을 하고 싶은 마음을 참고 아이들의 실패와 더딘 진행을 묵묵히 지켜보며 기다려 주는 것이다.

질문이 바뀌면 아이들의 태도가 바뀐다

교사가 수업 내용의 공간을 비운다고 하여 아이들이 주체로 참여할 수 있는 조건이 채워진다고 보기 어렵다. 왜냐하면 우리가 다루는 문제 대부분이 한 가지 결론, 즉 하나의 답을 요구하기 때문이다. 그렇다면 수학 문제의 답이 하나가 아닌 경우가 있을까? 수학을 좋아하는 사람들 중에는 '수학은 답이 한 가지'여서 마음이 편하다고 한다. 아이들이 계산에 막혀 틀린 값을 내놓으면서 '선생님은 답이 중요한 게 아니라고 하지 않았느냐'며 우길 때 나 역시 '이 문제의 답은 하나뿐!'이라고 단호하게 말한다.

만일 '3 + 4'의 값을 물었다면 연산 값은 '7'뿐이다. 물론 실생활을 반영한다는 취지에서 만든 이런 문제도 있다. '사탕 세 개가 접시에 놓여 있습니다. 여기에 친구가 사탕 네 개를 더 놓으면 접시에는 몇 개의 사탕이 놓여 있을까요?' 하지만 어떻게 바꿔 질문해도 이 문제의 풀이는 '3 + 4=7'이다. 3과 4를 더하는데 다른 값이 나올 수 없다.

제도가 바뀌고 가치관이 달라져도 이 사실만은 변하지 않는다. 바로 이 점이 수학을 수학답게 만든다. 누구나 받아들이는 공리.* 이보다 강력한 사회적 신뢰가 어디 있을까? 이런 안정감을 바탕으로 아이들은 상상의 날개를 활짝 펼칠 수 있다. 그러니 답이 하나뿐인 문제도 의미가 있다. 하지만 '3 + 4'의 값이 7이라는 것은 '합의한 원칙이 하나'라는 것이지 '수학 문제의 답이 하나'라는 것을 의미하는 건 아니다. 연산에서는 아이들이 수학의 변치 않는 원칙을 받아들이면 된다. 그렇다고 아이들이 계산을 잘못할 때 넘어가자는 건 아니다. 계산이 틀린다는 건 어딘가에서 잘못 생각하고 있다는 반증이기 때문이다. 이 경우 풀이 과정에서 전혀 관련 없는 규칙이나 연산의 기본 법칙을 잘못 적용하는 경우이므로 이것을 찾아 가면 된다. 아이들이 이 의미를 받아들인다

---

* 공리(公理, axiom)는 증명할 필요가 없이 자명한 진리이자 다른 명제들을 증명하는 데 전제인 원리로서, 가장 기본적인 명제를 말한다. 지식이 참이려면 근거가 필요하고 근거들을 소급하다 보면 더는 증명하기 어려운 명제에 다다른다. 이것이 바로 공리다. 참고로 증명이 필요한 명제 중 증명이 완료된 명제를 '정리'라고 한다.

면 자신이 틀리게 풀었다는 것을 알았을 때 오류를 바로잡을 수 있는 기회라고 여기게 된다.

그런데 교사가 이 방향으로 아이들을 이끌기 위해 애쓰더라도 만일 수학 문제의 답이 늘 하나라면 아이들에게 미치는 영향력은 생각보다 크다. '내가 조금만 잘못 생각하면 답이 틀리니 기다렸다가 제대로 푸는 방법을 배워서 해결해야지.'라고 여기며 궁리하지 않으려 할 것이다. 그들에겐 열심히 듣고 따라 배우면 되는 쉬운 길이 있는데 굳이 다른 방법을 시도할 이유가 없다. "틀려도 괜찮다고 하지만 틀린 답을 다시 고치려면 얼마나 귀찮은 일인 줄 아세요? 선생님의 방법으로 풀면 금방인데. 그러니 얼른 가르쳐 주세요. 네?"라며 눈을 반짝인다. 교사가 이 눈빛에 넘어가서 아이들의 요구를 들어주는 순간 그들은 적극적인 수동성을 가지는 지름길로 들어선다.

특히 저학년은 연산이 대부분인데 결론이 뻔한 문제에서 과연 자발성이 생길까? 흔히들 답만 쓰지 말고 과정을 서술하라지만 이는 진정한 의미의 '과정 참여'가 아니다. 그저 아이들에게 한 가지 패턴을 계속 연습시키는 결과가 될 뿐이며 아이들은 문제에서 원하는 것을 찾느라 열심히 허둥댄다. 그렇게 해서 아이들이 문제를 스스로 푼다고 한들 자기 안에 들어 있는 수학적 아이디어를 살펴볼 겨를이 없고, 자존감이 강해지지 않으니 자발적인 의지가 유지되지 않는다.

그렇다면 답이 여러 개인 수학 문제를 어떻게 찾을 수 있을까? 답이라는 표현보다 아이들의 대답이라 하는 게 알맞겠다. 이건 생각보다 쉬워서 흔한 계산 문제를 가지고도 조금만 다르게 질문하면 다양한 생각이 나올 수 있다.

"얘들아, 밤톨 여덟 개를 여기에 있는 바구니 두 개에 나눠 담으면 한 개의 바구니에 몇 개의 밤톨을 넣을 수 있을까?"

이 질문은 1학년부터 12학년까지 다 할 수 있으며 배움의 단계에 따라 다른 답이 나온다. 나눗셈을 배운 아이들은 '8÷2=4'라고 서슴없이 대답하지만 이 대답은 미완성이다. 나눗셈을 하려면 '똑같이'란 말이 들어갔어야 한다. 고학년이라면 경우의 수를 가지고 일반식으로 발전시킬 수 있다.

1학년에게 '너희들이 넣어 보라'고 하면 서슴없이 자유롭게 밤을 집어 양 쪽에 넣는다. 그런 다음 그 활동을 공책에 덧셈식으로 적는다. 물론 밤톨은 모두 치우고 아까 한 활동을 떠올린 후다. 이때 우리는 문장으로 적는 연습을 한다. 한글을 익히는 중이지만 수학에서 쓰는 단어는 한정되어 있어서 아이들이 서술할 수 있다. 약간씩 다르지만 비슷한 표현으로 정리가 된다.

"8은 1과 7을 더한 것과 같아요. 이것을 8=1 + 7이라 합니다."

그러면 '8=1 + 7'부터 '8=2 + 6' 등, 이 하나의 질문에서 적어도 일곱 개의 대답을 얻을 수 있다. 친구들이 발견한 것도 말해 보라고 하면 서로 같은 식에서 반가워하고 다른 식에서 신기해한다. 각기 나온 식을 칠판에 받아 적고 감상할 수 있다.

"얘들아, 너희들이 모두 같이 하니까 이렇게 많은 것들을 찾았네. 그런데 여기 적혀 있는 건 이 세상에서 발견할 수 있는 모든 거야. 기념으로 너희들이 발견한 것들을 공책에 적어 볼까?"

누군가는 한 쪽에 밤톨을 모두 몰아서 넣기도 한다. "나머지 바구니에는 아무 것도 없어요." 하고 텅 빈 바구니를 보며 말한다면, 아무 것도 없으니 '0'으로 표시하고 '8=8 + 0'이라 쓰도록 안내한다. 아직까지 0을 숫자로 받아들이는 단계는 아니지만 이렇게 활용할 수 있다. 이 질문은 더 많은 질문을 만든다. 바구니를 세 개로 늘린다면? 아이들은 이런 질문을 매우 좋아하여 집에 가서도 바구니를 여러 개로 늘려 가며 많은 연산식을 찾아 온다. 이 과정에서 뺄셈은 저절로 터득된다.

이번에는 '바구니의 수를 늘리며 똑같이 나눠 갖자'는 한 가지 조건을 덧붙인다. 다음은 이 수업을 하고 나서 아이들과 만든 놀이다.

12명이 나란히 꼭 붙어 서 있다가 숫자를 부를 때마다 그 숫자만큼의 친구들끼리 붙고 나머지는 떨어진다. 예를 들어 "4!"라고 외치면 4명씩 붙어 서는 거다. 마치 빙글빙글 돌다가 어떤 숫자를 외치면 그 수만큼 모이고 거기에 못 끼는 사람은 술래가 되는 놀이와 비슷한데 여기서는 짝이 나오는 수, 즉 6, 4, 3, 2, 1만 사용한다. 글로 쓰거나 말로 할 때 '더하기'라는 단어가 반복해서 나오는 것을 재미있어 했고, 활동을 하면서 "더하기!" 하고 외치면서 짝을 지어 다른 친구와 떨어지는 것도 좋아했다. 마지막 하나씩 더하는 것을 표현할 때는 그냥 한 사람씩 떨어져 설 것이라 여겼으나 역시 아이들은 달랐다. 예상을 엎고 뛰거나 한 바퀴씩 돌면서 떨어지는 등 각자가 다른 모습으로 자기를 표현하면서 1이 가지는 의미를 온몸으로 보여 주었다.

우리는 12명의 친구들. 2줄로 똑같이 나눠 서지요.
12=6 + 6!

그림42. 꼭 거꾸로 묻지 않아도 된다. 왜 이 덧셈에서 24가 나오는지 방법을 찾아보자고 하면 아이들은 자기만의 접근법을 찾느라 몰두한다. 분수나 복잡한 혼합연산도 먼저 계산 결과를 알려 주고 왜 그런지 물어보면 아이들이 긴장하지 않고 받아들인다. 이처럼 자신이 그 상황을 만드는 데 참여하고 있다고 여긴다면 아이들은 달라져서 평범한 덧셈 연산을 접해도 생기가 돈다.

우리는 12명의 친구들. 3줄로 똑같이 나눠 서지요.

$12 = 4 + 4 + 4!$

우리는 12명의 친구들. 4줄로 똑같이 나눠 서지요.

$12 = 3 + 3 + 3 + 3!$

우리는 12명의 친구들. 6줄로 똑같이 나눠 서지요.

$12 = 2 + 2 + 2 + 2 + 2 + 2!$

우리는 12명의 친구들. 12줄로 똑같이 나눠 서지요.

$12 = 1 + 1 + 1 + 1 + 1 + 1 + 1 + 1 + 1 + 1 + 1 + 1!$

저학년에서는 한 수업에 한 가지 활동만 해도 된다. 사실 충분히 활동하고 그것을 상상으로 불러온 다음 자기 그림으로 공책에 정리를 하려면 80분 수업이 부족하다. 아무리 훌륭한 활동을 하더라도 시간에 쫓겨서 교사가 자꾸 써 주고 그걸 베끼게 되면 아이들은 점점 더 교사만 바라본다. 오히려 교사의 언어에 익숙해져서 적극적으로 수용적인 태도를 갖게 된다. 이는 '자발적'인 의지로 발현되지 않는다. 세련되게 설명을 잘할 수는 있으나 다른 풀이는 없는지, 또는 문제에서 이상한 점은 발견하지 않았는지 물어보면 당혹스러워 하고, 그 패턴에 익숙해지기 위해 계속 교사의 설명에만 의존하려 한다.

물론 학년이 올라갈수록 자기 생각을 그냥 던지는 게 아니라 상황을 파악하여 사실과 의견을 구별하는 법도 배워야 한다. 교사가 수업에서 할 일은 이것인데 많은 아이들과 이 작업을 하려면 여간 신경이 쓰이는 게 아니다. 이런 이유로 나 역시 교사가 잘 설명하고 아이들은 즐거운 마음으로 받아 적으며 그 과정을 따라 하는 수업의 유혹을 자주 느낀다. 솔직히 가끔은 이런 수업도 필요하다고 본다. 교사가 멋지게 푸는 과정을 보며 아이들도 감상할 여유가 있으면 좋고, 또 무엇이든 한 가지 방법만 고수한다면 편식처럼 불균형이 생기지 않겠나.

그런데 질문을 열어 아이들이 과정에 참여하게 하는 수업을 하다 보면 의외의 좋은 점이 있다. 이 수업의 가장 큰 수혜자는 교사다. 아이들에게서 새로운 것을 많이 배우기 때문이다. 나는 내가 배운 방식과 언어에 익숙하다. 아무리 아이들을 관찰하고 그들의 입장에서 설명을 한다지만 한계가 있다. 그래서 이런 풍자글이 남의 이야기로 들리지 않는다.

"학생아, 너는 내가 이 문제를 여러 번 똑같이 설명했는데 왜 이렇게 못 알아듣니?"

"죄송해요, 선생님. 그런데 선생님도 매번 똑같은 말로 설명을 해 주셨어요. 제가 못 알아듣는 그 설명으로요."

* 나는 이 이야기를 학부모에게 직접 들었다. 지금은 졸업생이 된 아이가 학교 다닐 때 했던 말이란다. 그 아이의 말인 즉, 선생님들은 대단하시더라. 어떻게 똑같은 설명을 그렇게 여러 번 똑같이 하시냐고.

그래서 아이들끼리 공부하면, 설명하는 아이도 생각이 명료해지고 듣는 아이도 더 쉽게 이해한다. 교사는 가르치고 학생은 배운다는 전통적인 이분법적 역할은 수정되어야 한다. 이미 수업을 이끄는 주체가 교사인데 어떻게 아이들이 배움을 만들 수 있겠는가. 이와 관련하여 자주 회자되는 일화를 소개한다. 경험 많은 개 한 마리가 친구 개에게 오늘 매우 인상 깊은 일을 했다며 자랑했다. "옆에 사는 고양이에게 우리(개)의 말을 가르쳤지." 친구 개는 호기심에 반문하였다. "음… 그래서 그 고양이는 우리(개)의 말을 얼마나 잘하게 되었나?" 경험 많은 개는 무심하게 대답했다. "그건 나도 모르지. 나야 그냥 가르쳤다고 하지 않았나. 고양이가 뭘 배웠는지는 고양이만 알겠지." 개의 언어로 고양이에게 가르친들 배움이 일어날 리 없다. 배움의 주체가 아이들이라는 의미는 교사가 가르치는 내용을 학생이 주체적으로 받아들인다는 게 아니라 수업의 전 과정에 교사뿐 아니라 학생이 함께 참여하며 만들어 간다는 것이다.

이러한 과정 참여 수업을 시도하면서 내가 얻은 즐거움은 '수업은 교사도 배우는 시간'이 된다는 거다. 아이들이 나의 선지식과 경험을 알 수 없듯이, 나 역시 그들의 세상을 모른다. 내가 한 말이 전혀 생각지도 못한 그림으로 아이들에게 들어가 있는 사실을 알고 놀란 적도 꽤 있다. 그러면서 나의 설명 방식을 바꾸는 기회를 얻는다. 과정 참여 수업을 할수록 그들이 생각하고 있는 내용이나 설명의 방법을 나도 배울 수 있으며, 놀랄 만큼 신선한 아이디어를 들을 때면 정말로 이들이 나의 스승이라 인정하게 된다.

그래서 언젠가 수업을 마치며 "오늘은 선생님이 더 많이 배웠네. 여러분에게 고마워요."라고 했더니 아이들 중 한 명이 "정말 저희가 말한 방법을 모르셨어요?"라 물었다. 나는 "선생님이 아는 방법이야 있지만 워낙 익숙해서 다른 걸 생각하기 쉽지 않아. 오늘 너희가 말한 방법은 너희만이 할 수 있는 거였어."라 답해 주었다. 이 대답을 들으며 아이들의 얼굴에 떠오르던 미소를 잊을 수가 없다.

과정 참여 수업은 이처럼 의미가 있지만 쉽게 만들어지지는 않는다. 우리가 고민한 지점이 여기였다. 중학년*에서 자신이 발견한 것이나 의견을 서술하는 것이 되려면 그 전에 준비가 필요하다. 그래서 저학년의 수업을 점검해 보았고 연산 수업을 과정 참여형으로 진행할 접

---

* 12년제인 푸른숲발도르프학교에서 '중학년'이라 함은 6학년에서 8학년(중2)으로, 보통 사춘기에 진입하여 절정을 이루기까지의 시기이다.

근법을 찾게 된 것이다.[*]

이렇게 수업에서 자신들의 의견과 생각을 풀어 내는 것이 익숙해져 있다면, 6학년의 백분율 수업이 이를 정비할 수 있는 첫 기회가 된다. 백분율 수업은 수학 교과의 다른 어떤 주제보다 다양하게 밖으로 확장된다. 앞에서 예를 들은 기준량에 대한 비를 자세하게 표시할 수 있고 이와 관련된 공식을 찾기에 난이도가 적당하다. 또 이윤이나 이자율, 인세 등 시장과 연관된 용어를 사용하며 사회적 연관성[**]을 만들기에도 좋은 기회이다. 무엇보다 백분율 수업은 아이들이 판단을 할 때 수학적 자료를 근거로 삼는 데에 도움을 준다. 즉, 이 수업을 통해 감정이나 애매한 느낌이 아니라 주어진 값이 자신에게 어떤 의미가 있는지 근거를 가지고 설명하는 연습을 시작한다. 이를 위해 백분율을 '상대적 비'와 '가능성', 즉 '확률'의 두 측면에서 접근한다.

---

[*] 이에 대해서는 이 책의 앞 쪽에서 서술한 저학년 수업의 내용에도 반영되었다.

[**] 6학년에서 이윤이나 이자율을 다루는 것은 무슨 의미일까? 발도르프 교육의 창시자인 슈타이너에 의하면, 아이들이 가치관을 형성하기 전에 이 문제를 접한다면 아이들은 솔직하게 답할 것이고 의견을 교정할 기회를 얻게 된다고 보았다. 아이들이 청소년기에 들어서 기존의 사회적 가치관에 동조하거나 비판적인 입장을 가지게 되면, 수업에서 이윤이나 이자율을 다루는 것이 교육적으로 그다지 큰 의미는 없게 된다.

(질문1) 오늘 오후 비가 올 확률이 40%라 한다. 외출을 하려는데 아직 비가 오지 않고 있다. 우산을 챙겨 나가야 할까?

(질문2) 푸른산학교의 6학년 학생들 중 38%가 수학을 좋아한다고 한다. 그렇다면 이 학교 6학년 학생들은 수학을 좋아한다고 볼 수 있을까?

백분율 수업의 첫 시간에 위와 같은 몇 가지 질문을 해 본다. 이런 종류의 질문은 정해진 답이 없음을 공공연히 드러내므로 아이들이 상당히 흥미로워한다. 나는 이 질문을 할 때 아이들에게 말로 하지 말고 우선 써 보라고 한다. 왜냐하면 이 나이의 아이들은 친구들의 생각을 듣다 보면 자기 의견이 달라지는 경우가 많기 때문이다. 그래서 번갈아 자기 의견을 말하라 할 때 "공책에 적은 걸로 해요? 지금 생각을 말해도 되요?"라 묻는 아이들이 꽤 있다. 이야기를 듣다 보니 서로 설득이 되어 자기들이 쓴 걸 지우려 한다. 그래서 처음에 든 생각도 중요하고 바뀐 생각도 중요하니 공책 정리는 이런 식으로 하자고 했다.

"처음에 나는 이렇게 생각했다. 이유는 다음과 같다.

그러다 친구 이야기를 들으니 그것도 괜찮아졌다. 이유는 다음과 같다."

경험상 이 시간에 보이는 교사의 태도는 이후 수업의 분위기를 결정한다. 아무리 황당한 의견이 나와도 우선 존중해 주고 왜 그렇게 생각하는지 설명할 기회를 준다. 이 때 중요한 건 표정이다. 교사가 담담하게 반응하면 지켜보던 아이들도 편하게 받아들이고 더 많은 아이들이 입을 연다. 어떤 경우는 아이들끼리 친구의 의견을 말이 안 된다며 평가를 하는데, 이럴 때 교사가 개입하여 당사자 아이에게 잘 대답하도록 유도를 하면 오히려 색다른 의견으로 인정받기도 한다. 전혀 준비가 안 된 아이들은 적당히 놓아주고, 뭐라고 대답할지 어려워하는 아이들은 그 생각이 명확해지도록 도와야 하는데, 그 사이 교실이 산만해지지 않도록 집중도 시켜야 한다. 이렇게 교사는 진땀을 흘리지만 이런 대화가 한동안 오고 가면 아이들은 편하게 생각을 말해도 된다고 느낀다. 그러나 만족할 만한 기준과 방법은 분명히 전달되어야 한다.

예를 들어 '질문2'에 답하길, 푸른산학교 6학년 학생들은 수학을 좋아한다고 생각한다면 왜 그렇게 생각하는지 백분율 숫자를 들어 설명하도록 한다.

"학생들이 수학을 좋아한다고 볼 수 있다. 50%는 넘어야 반 이상이니까 그 반이 수학을 좋아한다고 할 수 있지만 우리나라 6학년들이 그렇게 많이 수학을 좋아하지 않을 거 같다. 내 생각에는 많아야 30% 정도이다. 그래서 38%는 이 30%보다 높으니까 나는 푸른산학교 6학년은 수학을 좋아한다고 본다."

이 문장은 단번에 완성되지 않았다. 처음 문장은 "내가 생각하기에 30%정도 나올 줄 알았는데 50%면 원래 생각했던 30%보다 훨씬 많으니까." 정도였다.

"네가 말하는 30%는 무엇을 말하는 거지?"

"애들이 수학을 그 정도로 좋아할 거 같아요."

"어디 있는 애들? 퇴촌일까 아니면 저기 런던?"

"아니요. 그렇게 먼 곳 아니고요. 아, 그러고 보니 저는 우리나라 얘기한 거예요. 우리나라에 있는 6학년들이요."

"알겠다. 그러면 우리나라 6학년 학생들이 평균적으로 수학을 좋아하는 비율이 30% 정도 되겠다고 본 거지?"

"지금 나와 나눈 대화를 잘 다듬어서 다시 공책에 써 볼래?"

수업 시간에 모든 아이들과 이렇게 대화를 나눌 수는 없다. 이런 대화는 공책 정리를 한 후 나와 일종의 상담을 하면서 이루어지며, 단 5분이라도 교사와 생각을 정리하면 짧게 쓰는 것 외엔 못하겠다던 아이들도 위와 같은 문장으로 바꾸어 쓴다. 이 아이의 첫 문장인 '50%는 넘어야 반 이상이니까 그 반이 수학을 좋아한다고 할 수 있지만'은 친구의 주장을 나름 반영한 것이다.

수학 문제는 답이 없을 때 더 매력적이다. 정해진 답을 구한다는 전제를 없애면 아이들이 궁리를 하기 시작한다. 하나의 답을 찾기 위한 과정이 아니라 자기 안에 있는 생각을 끄집어내고 수학적으로 다듬어 가는 과정을 밟아 가는 것. 나는 이것이 아이들의 진정한 '과정 참여'라 여긴다. 이를 위한 적당한 문제를 하나 소개한다. 다음은 일명 '주차장 문제'* 중 하나다.

"주차 공간 40대인 A주차장과 주차 공간 50대인 B주차장에 현재 자동차가 각각 30대와 35대가 주차해 있다면 어느 쪽 공간 이용률이 높은가?"

A주차장은 주차할 수 있는 공간이 40대인데 30대가

---

* 《MIC》(Mathematics in Context, 나온교육연구소, 2005) 시리즈 중 〈백분율은 100을 좋아해〉 편에 나와 있는 문제를 변형한 것이다. 백분율을 '가능성'으로 접근하는 관점도 이 책에서 도움을 많이 받았다. 이 책은 모든 과정이 치밀하게 잘 구성된 질문으로 연결되어 있으며 단원의 마지막에 개념을 정리한다. 10여 년 전 처음 접했을 때 나의 수업을 깊이 반성하는 계기가 되었는데 이후 여러 경로를 돌고 돌아 최근에 가진 문제의식으로 다시 들여다보면서 이 책의 가치를 다시 발견하고 있다.

주차했고, B주차장은 주차할 수 있는 공간이 50대인데 35대가 주차했다.

A주차장의 공간 이용률은 40에 대한 30의 비율이므로, $\frac{30}{40}$ = 0.75, 즉 75%이고, B주차장의 공간 이용률은 50에 대한 35의 비율이므로 70%이다.

주차한 자동차의 수를 비교하자면 B주차장에 차가 더 많으나 상대적 비율로 보자면 A주차장의 공간 이용률이 높다. 단순히 빈 공간의 수를 볼 게 아니라 전체에 대한 비율로 바라보아야 정확한 결과를 알 수 있다.

애초에 이 문제는 '상대적인 값을 얼마나 잘 찾아내는가'를 확인하는 게 목적이다. 그러니 이와 같은 질문은 백분율 계산에만 한정되어 너무 단순해진다. 그렇다면 이런 질문은 어떨까?

"주차 공간 40대인 A주차장과 주차 공간 50대인 B주차장에 평소 이용하는 자동차가 각각 35대씩이다. 두 개의 주차장 중 유지비를 줄이기 위해 한 곳만 유지하려 한다면 어느 주차장을 선택할까?"

이 문제는 유지비를 줄인다는 의미를 해석해야 하므로 한 단계를 더 거친다. 두 주차장 중 평소 공간 이용률이 높은 A주차장을 유지하는 게 옳은 선택이다. 그런데 문득 꼭 그래야 하는가라는 생각이 들었다. '활용도가 낮으면 쓸모가 없는 걸까.' 아이들에게 더 많은 종류의 대답이 나오리라 예상이 되었다. 그래서 나는 문제를 다음과 같이 수정한 뒤 올해 이 수업을 맡은 교사에게 제안했다. 담당 교사 역시 과연 아이들의 대답이 어떨지 기대를 하며 수업을 진행했다.

"공원을 만들기 위한 장소를 결정합시다. 시에서는 생태적인 도시를 만들기 위해 나무를 심을 공간을 많이 마련하기로 하고 앞에서 조사한 주차장 중 한 개를 없애고 나무공원을 만들기로 했다고 합니다. 여러분은 어느 주차장을 없애는 것이 가장 합리적이라 생각하나요? 모둠을 짜서 각자 자기의 생각과 이유를 말하고 정리하여 발표해 봅시다."

막상 수업을 해 보니 A주차장의 공간 이용률이 높다는 것을 안 뒤에 오히려 의견이 갈렸다. 아이들에게 공간 이용률과 공원을 만드는 건 별개의 문제였다. A주차장을 남기자는 의견의 근거를 들어 보니 공간 이용률과 상관없이 공원은 넓을수록 좋으니 큰 주차장을 없앤 자리에 공원을 만드는 게 맞다는 것이었다. 반면 의외로 B주차장을 살리고 A주차장을 공원으로 만들자는 의견들이 나왔다. 아이들이 생각하는 이유가 흥미로웠다. 예산을 생각해야 하니 작은 공간을 공원으로 바꾸는 게 좋

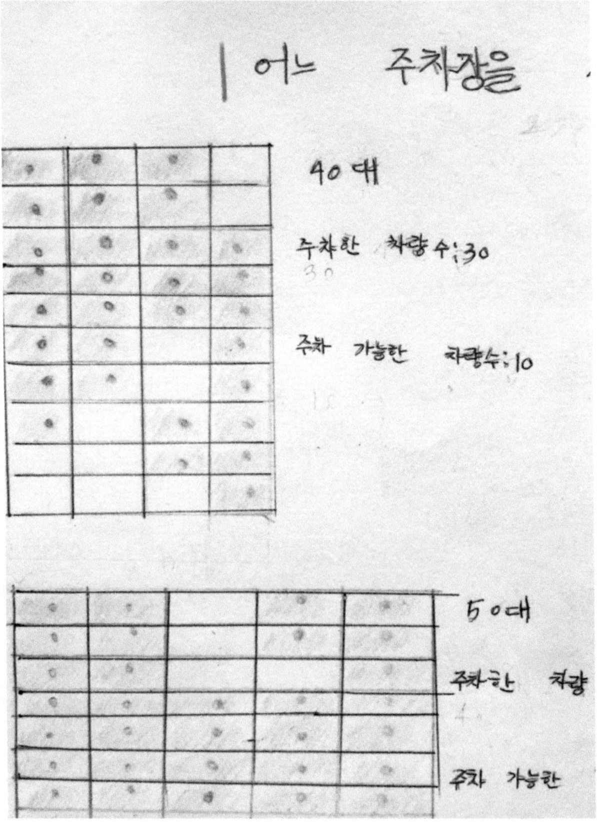

어느 주차장을

40 대

주차한 차량수: 30

주차 가능한 차량수: 10

50대

주차한 차량

주차 가능한

그림43. 시간을 들여 주차장의 주차 표시선을 그리고 주차해 있는 차를 일일이 그려 넣으니 두 경우의 차이를 직관적으로 알 수 있다. 물론 6학년이 되면 이런 그림은 수업 시간에 하지 않고 연습장에 그렸다가 집에서 정리해 온다.

겠다는 의견도 있었고 주차 공간이 좁으면 사람들이 차를 골목에 대면서 오히려 환경오염이 된다는 주장도 공감을 많이 얻었다.

그렇다면 어떤 정보가 더 필요한가? 어찌 보면 수학 수업에 다른 요소가 많이 들어갔다는 인상도 든다. 하지만 나는 우리가 사는 세상이 어느 것 하나로 분리해서 정의되지 않듯 이런 기회에 주변의 생활 모습을 끌어들이는 것도 좋다고 본다. 다만 환경이나 사회적 문제, 경제 등 주제가 너무 확장되지 않도록 적당한 시간에 멈추어야 한다. 이렇게 연결되는 주제는 다른 수업에서 언급하면서 다루어 준다면 훨씬 생동감이 있다. 수업의 묘미는 앞으로 할 일을 살짝 보여 주어 아이들의 기대를 계속 살려 두는 것에 있으니까.

수학은 주로 '수'를 다루다 보니 자주 이 수들이 어디서 왔는지 잊어버려서 실제 적용해야 할 상황에선 막상 써먹지도 못한다. 하나의 문제로부터 우리 삶과 생활의 질문이 연결된다면 이보다 좋은 기회는 없다. 사실 위의 주자창 문제는 당연히 연산을 하기 위한 계산값이 따라오지만 그리 중요하지 않다. 위의 문제는 주어진 수식의 뜻, 용어의 적용과 적절한 풀이를 진행하는 방법을 배우는 게 목적이다.

이처럼 어떤 판단을 내릴 때 수학적 연산을 명확히 이해하고 설명하는 일은 수학 수업의 핵심이다. 여기에는 근거가 있도록 설명을 한다는 한 가지 원칙이 있을 뿐 답이 정해져 있지 않다. 좁거나 넓다, 사용량이 많거나 적다는 것은 무엇을 근거로 한 것인가? 숫자로 표현된 자료를 해석하고 이를 토대로 예측을 하며 이를 근거로 자신의 의견을 만들어 가기. 이 경험은 이후 유클리드 기하학의 귀납적 전개 방식을 공부하면서 더욱 정교해진다.

그래서 나는 토론의 토대는 수학 수업이라 여긴다. 이런 내용은 앞에서도 많이 다루었으므로 여기서는 이같은 경험이 쌓였을 때 아이들이 얼마나 용감해지는지를 소개하고 싶다. 아이들이 단순히 해법을 달리하는 정도가 아니라 답이 하나로 정해져 있지 않은 질문에 자주 노출되면 '따라해야 할 기준이 없으니 내가 한번 만들어 볼 수 있겠다'고 여긴다. 즉 학교에서 배우지 않은 내용을 만나도 별로 두려워하지 않는다.

7학년 수학 수업 중 원과 부채꼴의 성질을 공부할 때였다. 나는 아이들에게 아르키메데스 이야기[*]를 한 뒤

---

[*] 아르키메데스Archimedes(대략 기원전 287~212년)는 그리스령인 시라쿠사의 수학자이며 공학자이다. 당시 지식인들이 그렇듯 천문학과 물리학에도 조예가 깊었던 철학자이기도 하다. 욕조에 몸을 담그고 있던 중

도형(그림44)을 소개했다. 그런 다음 이 조건에 맞는 원뿔과 원기둥을 만드는 과제를 제시했다. 반지름 r인 구에 꼭 맞는 원기둥은 밑면의 지름과 높이가 모두 2r이다. 이 원기둥과 밑면이 같고 높이도 같은 원뿔은 그리기는 쉬워도 전개도를 그려 만들기는 매우 어렵다. 수업 중 원뿔의 전개도조차 그려 본 적이 없으니 이 지난한 발견의 과정은 고스란히 아이들의 몫이 될 예정이었다.

우선 일반적인 원뿔을 만들어 보기로 했다. 아르키메데스의 이야기에 감동을 한 건지, 그 정도는 뭐 별거 아니라 여겼는지 별다른 동요도 없이 아이들은 탐색을 시작했다. 처음에 발견한 것은 전개도가 이등변삼각형 모양이라는 점이었다. 한 학생이 너무나 기쁜 나머지 급하

부력의 원리를 발견하여 "유레카!"라 외치며 달려 나갔다는 일화로 유명하다. 그가 활동하던 시대에 수학계는 알렉산드리아 학파의 기하학을 중심으로 한 사변적 접근법이 주류였다. 아르키메데스는 보란 듯이 농기구나 무기 등을 만들어 보이며 주류에 반기를 들었고 편지로 논쟁하기를 좋아한 덕분에 그에 관한 기록은 문서로 많이 남아 있는 편이다. 7학년 수학 시간에는 원에 관한 이야기와 함께 이러한 아르키메데스의 반골적 기질 이야기를 소개하면 아이들이 꽤나 속 시원해한다. 또 그가 원을 그리다 로마 병사에게 어이없이 죽임을 당한 장면이 6학년에서 다룬 로마의 카르타고 전쟁이라는 걸 알고 신기해한다. 아르키메데스는 뉴턴과 가우스에 필적할 고대의 가장 위대한 수학자로 인정받을 정도로 오늘날의 적분 개념을 알았고 무한을 보았던 이다. 그는 원의 넓이뿐 아니라 원기둥 안에 꼭 들어맞는 구와 원뿔의 부피 관계를 알아내었는데 스스로도 매우 자랑스러워하였다 하니, 그가 그린 원이 훼손되는 것을 참지 못하고 목숨을 바꾸는 일도 가능했을 법하다.

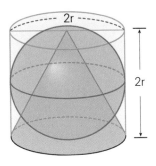

그림44. 아르키메데스의 묘비에 그려져 있다고 알려진 도형.

게 종이를 이등변삼각형으로 자르자마자 손을 번쩍 들면서 일어났다.

"여러분! 이걸 좀 보시지요!"

"엥?"

앗, 벌써? 순간 긴장한 반 아이들의 눈길이 한곳으로 쏠렸다. 보란 듯이 자랑스럽게 자신이 오린 이등변삼각형의 밑각에 해당하는 양 끝을 잡아 마주 보도록 빙 둘렀다. 애석하지만 이등변삼각형의 옆면을 만나게 하면 직선 모양인 밑변의 날렵한 양 끝 각이 신기하게도 길게 처지면서 늘어진다. 마치 돌리면서 일부러 늘어뜨린 것처럼 변하는 모습이 재밌어서 교실이 온통 웃음바다가 되었고 이 아이도 같이 웃으며 실패를 즐겼다.[*]

---

[*] 글로만 설명하는 데 한계가 있어 삽화를 넣으려다 말았다. 미리 보면 이해는 하겠으나 직접 오려서 만들어 봐야 왜 아이들이 재미있어 했는지 알

"그래도 만들어 보는 게 최고지."

머릿속에 떠오르는 도형이 있으면 즉각 만들어 확인하던 친구들이 단서를 찾았다. 우선 이등변삼각형으로 만든 꼬리 달린 깔때기의 밑면을 잘라서 바닥에 똑바로 서도록 한 뒤 다시 펼쳤다. 그러자 정말 믿기지 않는 일이 벌어졌다. 분명히 직선으로 잘랐는데 펼쳐 보니 곡선으로 변했다. 이 곡선의 정체는 무엇인가. 누군가 고깔모자를 펼쳤던 기억을 되살려 '혹시 이게 원의 일부가 아닐까?'라는 의견을 냈다.

"나도 본 것 같아. 그러면 원을 그려 만들어 보자."

그림45의 사진은 이런 소란 중 한 아이가 고안한 원뿔 전개도다. 다른 아이들의 대화에 끼지 않고 유독 혼자 오래 생각하며 고민하더니 이렇게 기가 막힌 작품을 만들어 냈다. 내가 생각지도 못한 방법이라고 감탄을 하니 아이들이 몰려들었다. 누군가 '상어이빨 같다'고 하였지만 내가 보기엔 보석 중에 보석으로 보였다. 우리의 예술가는 이 전개도의 뾰족하고도 같은 크기인 상어이빨을 한땀 한땀 오리느라 진땀을 빼다가 문득 다른 아이들의 전개도를 보게 되었다.

"뭐야, 저 방법이 훨씬 쉽네. 나 이거 안 만들래."

수 있기 때문이다. 그러니 지금 바로 옆에 있는 종이로 해 보길 권한다.

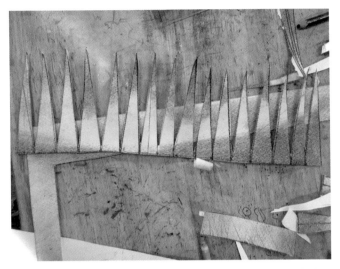

그림45. 묘한 모양의 이 도형으로 만들 수 있는 입체도형은? 어쩌면 원뿔이 쉽게 떠오를지도 모르겠다. 하지만 사전 지식이 전혀 없이 원뿔을 만들기 위한 전개도를 그려 보라고 하면 이 모양을 상상하기 어렵다. 우리는 이미 알고 있는 지식에서 자유롭지 못하기 때문이다.

나는 급한 마음에 방향을 바꾸려는 아이의 옆에 견습생처럼 앉아 황당해하는 기분을 어루만지며 같이 오리는 작업을 도왔고 드디어 원뿔을 완성하였다. (그림46)

이 아이는 처음부터 이렇게 많은 조각을 낸 건 아니었고 여러 번 시도 끝에 자기가 할 수 있는 크기에서 타협한 결과가 이 전개도라 하였다. 1년 전 수학 수업에서 원의 넓이를 구하느라 원을 매우 잘게 쪼갰던 방법을 떠올렸다고 했다. 평소에도 교환법칙, 분배법칙을 챙기며 연산을 풀고 내가 당연하게 생각하는 부분에 질문을 하며 나를 일깨우는 학생들 중 한 명이었다. 처음부터 부채꼴을 주고 원뿔을 만들자고 했더라면 이 아이의 상상력이 발휘되지 못했으리라. 교사인 나는 어떻게 하면 쉽고 잘 기억하게 전달할까 보다 이런 아이들의 발랄한 생각이 수업에서 꽃피우도록 할 방법을 고민해야겠다고 절실하게 느낀 시간이었다. 그날도 나는 학생들로부터 배웠다.

다음 시간에는, 드디어 밑면의 원의 지름과 높이가 똑같이 6cm인 원뿔을 만들어 보자고 했다. 아이들은 지난 시간의 기억이 있어서인지 일단 조건에 맞는 원기둥을 먼저 만들기로 작전을 세웠다. 그런 다음 거기에 꼭 맞는 원뿔을 찾으려 했으나 마음만큼 쉽지 않았다. 어찌

그림46. 전개도를 완성하고 다시 조각들을 이으려니 여간 품이 많이 드는 게 아니었다. 전체 조각의 반 정도는 한 개씩 붙였는데 점점 입체를 이루면서 입구가 좁아지니 섬세한 작업이 어려웠다. 더 이상은 못 참겠는지 나머지 부분을 종이테이프로 한 바퀴 둘러 버려 사진으로 보기에도 틈새가 벌어졌다. 오른쪽 파란색 원뿔은 부채꼴로 만들었다. 원뿔의 전개도 중 가장 쉽고 보기에도 깔끔한 전개도가 부채꼴이다.

어찌 구겨 넣어 맞춰 온 아이들에겐 꼭 들어맞다는 것을 근거를 들어 설명해 달라고 했다. 결국 아이들은 먼저 계산을 해야겠다는 결론을 찾았다. 그때부터 나름의 논리로 계산을 한 다음 만들어 보니 실패! 또 실패! 당연히 한 시간으로 해결되지 않았다. 대신 그 시간 동안 7학년에서 공부했던 원둘레를 구하는 법이나 부채꼴의 중심각과 호 길이의 관계 등 원과 관련된 많은 지식을 아이들끼리 섭렵하며 복습을 했다. 마침 점심시간이 되어, 다음 시간에 더 생각하기로 하고 마무리를 했다. 하지만 배식 그릇을 들고 나서던 아이 두 명이 뭔가 이야기를 나누더니 가던 길을 멈추고 칠판 앞으로 돌아갔다. "선생님, 칠판 좀 쓸게요."라더니 원뿔과 원을 그리며 열띤 토론을 벌이기 시작했다.

이 아이들은 서로 자기가 찾은 방법을 말하고 있었는데 두 의견이 모두 단서를 가졌으나 미완성 상태였다. 한 아이는 그림47을 그린 후 조건에 맞게 직각삼각형을 그리면 빗변의 길이가 원뿔을 만들 수 있는 부채꼴의 반지름이 된다는 사실을 말했다. 이 사실을 이용하려면 직각삼각형에서 직각을 낀 두 변의 길이가 $3cm$와 $6cm$가 되므로 빗변의 길이를 구하기 위해[*] 어떤 수의 제곱이

---

[*] 교육과정상 5학년 때 피타고라스가 만든 수의 법칙 중 두 제곱수의 합

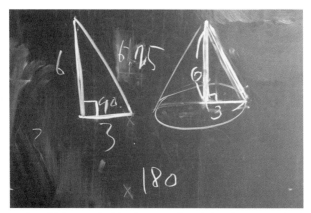

그림47. 칠판 토론 첫 번째. 평소 목숨 걸고 지키는 점심시간을 기꺼이 내놓으며 논쟁한 흔적이다. 아주 드문 장면이라 아이들이 나간 후 사진에 담았다. 교사에게 이런 장면은 일 년은 거뜬히 버티게 하는 보약이다.

$6^2 + 3^2$인 45가 되는지 알아야 했다. 그 친구는 어떤 수, 즉 제곱하여 45인 수를 구했다고 설명하는 참이었다.

"그러니까 내가 아까 계산을 해 봤어. 45이면 36보다 크고 49보다 작잖아. 36은 6의 제곱이고 49는 7의 제곱이니까. 그런데 45가 36보다 49에 훨씬 가까우니 6.7 정도라 생각하고 6.7을 제곱했어. 그랬더니 44.89야. 그래

으로 표현되는 제곱수 찾기를 하면서 피타고라스의 수를 알게 된다. 예를 들어 $5^2 = 3^2 + 4^2$로 쓸 수 있는 수이다. 6학년에서도 제곱수의 규칙을 찾으며 이런 조건을 만족하는 제곱수를 찾으며 이어 가고, 7학년 유클리드 기하학 공부를 하면서 직각삼각형에서 피타고라스 정리를 증명한다. "직각삼각형에서 직각을 낀 두 변의 제곱의 합은 빗변의 제곱과 같다." 이 아름다운 정리가 하루아침에 얻어지지 않는 만큼 아이들에게도 깊이 들어가 있었다.

서 조금 더 큰 수 6.75를 제곱했더니 45.56이고. 대략 이 정도에서 구하면 돼."[*]

"그러면 네가 지금 반지름을 찾았는데 이 부채꼴을 또 만들어야 되잖아. 내가 푸는 방법으로는 그렇게 안 해도 바로 나온다니까."

"선생님, 제 말 좀 들어 보세요."

그림48의 설명은 원뿔의 옆면을 이루는 부채꼴의 중심각을 찾기 위한 방법을 또 다른 학생이 설명한 거다. 이 아이는 중심각을 대략 170°로[**] 두고 거꾸로 풀어갔

---

[*] 36=6², 49=7²이므로 45는 36과 49의 사이에 있으며 차이를 비교하자면 49에 가깝다. 이 방법은 9학년 무리수에서 소개되는데 이 아이가 사용했다. 그러니까 이것저것 넣어 보아 제곱근을 찾는 건 배워서 되는 게 아니다. 어림해서라도 찾아내려는 의지를 갖추는 게 우선이다.

어떤 이는 이 장면에서 교사의 도움이 얼마나 있었는지 궁금하겠다. 물론 교사의 도움이 전혀 없지는 않았으나 방향을 잡는 건 온전히 아이들이 했다. 내가 개입한 건 주로 이런 거였다. '제곱해서 45인 수'를 찾느라 너무 계산에 열중하길래 적당한 수준에서 멈추라든가 원주율을 아직도 3.14로 쓰냐고 잔소리한 것.

[**] 이 칠판 그림을 해석하여 적으면, 원뿔의 옆면이 되는 부채꼴은 반지름이 3cm인 원의 일부이다. 그래서 먼저 반지름이 3cm인 원의 둘레를 구했다. 원둘레(원주)=지름×3.14이므로 이 원둘레는 6×3.14=18.84cm이다. 부채꼴의 중심각을 170°라 두었으니 비례식 18.84cm : 360° = 호의 길이 : 170°로 부채꼴 호의 길이를 구하면

$$호의\ 길이 = \frac{170°}{360°} \times 18.84 = 8.89666667cm이다.$$

이 호가 원뿔에서 밑면을 이루므로 밑면이 되는 원둘레가 된다. 그러면 이제 이 원둘레(부채꼴 호의 길이)를 이용하여 밑면이 되는 원의 지름을 구할 수 있다.

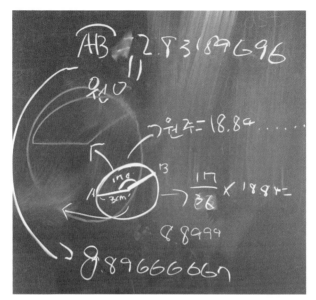

그림48. 칠판 토론 두 번째.

다. 비례식으로 부채꼴 호의 길이를 구하고 그 호로 만들어지는 원의 지름을 구하려 시도했다. 그런데 조건을 만족하는 원뿔의 밑변 지름은 6cm이어야 하는데, 칠판에 적혀 있듯 원의 지름이 2.8318969696……이 나왔다. 값이 잘못되었으니 친구가 인정해 주지 않자 나를 불렀던 것이다.

이 학생은 풀이 방법은 제대로 잡았지만 가정을 잘못

원둘레=지름×3.14이므로 8.89666667=지름×3.14에서 구한
밑면 원의 지름=2.8318969696…….

잡았다. 가끔 살아가면서 이런 경우를 만난다. 일이 틀어질 때, 아무리 생각해도 오류가 날 곳이 없는데 왜 이런 일이 일어날까 곰곰이 따져 보면 처음에 잡은 가정이 틀리는 어이없는 경우를 발견할 때가 있다. 어쨌든, 아이들은 서로의 생각을 모으면 알고자 하는 값을 구할 수 있다는 것에 동의를 한 후 식당으로 내려갔다. 나중에 들은 건데 늦게 나타났다는 이유로 주방 교사에게 잔소리를 듬뿍 들었다고 한다.

그날이 가기 전에 이 친구들은 공책 한 바닥 계산을 했고 조건을 만족하는 부채꼴의 중심각을 $164°$까지 추정했다.

"어때요?"

"오! 수학자들이 구한 값에 거의 다가가는걸."

"엇. 정말이에요? 수학자들처럼 푼 거예요?"

"그건 아니지만……. 그들도 처음엔 다 이렇게 시작하지 않았을까? 그러고 나선 공식을 찾아서 확인을 하고."

아이들은 듣고 싶은 말만 듣는지 내가 자기들을 '수학자'라 했다면서 친구들에게 자랑했다. 이 조건을 만족하는 부채꼴의 중심각은 실제 $161°$정도*이니 계산기도

---

* 조건에 맞는 원뿔 전개도는 반지름이 $3\sqrt{5}$인 원의 일부로 만든 부채꼴

없이 3.14를 쓰면서 비례식으로 찾아낸 값이 꽤나 비슷하였다.

'과정을 발견하는 수학 수업'의 비밀은 처음부터 답을 열어 버리는 거다. 교사가 한 개의 답만 가능하도록 질문하면 아이들은 교사의 의도에 맞추려 한다. 거듭 말하거니와 자기의 내부에 무엇이 있는가를 살피지 않고 '내가 말해야 할 정답'을 찾는 데 열중한다. 당연히 교사가 알려 준 정보가 무엇이었는지부터 뒤지며 허둥대다가 교사의 강의가 시작되기만 기다린다. 그러니 교사가 수업 시간에 주인공의 자리를 비워 주면 아이들이 어떻게든 그 공간을 채워 가려 궁리를 한다.

아이들이 이런 분위기에 익숙해진다면 자기의 생각을 말하는 것을 두려워하지 않으니 수학 시간이 떠들썩하고 활기가 있어 시간이 금방 지나간다. 이렇게 찾게 되는 공식은 자신들이 그 과정에서 차근차근 단계를 밟아갔으므로 온전히 스스로의 성취물이라 여긴다. 이렇게 지난한 과정을 견디어 낼 때 복잡한 과제를 만나더라도 해결하고자 하는 의지가 생긴다.

이다. 이 원뿔의 밑면 원둘레는 6π이다. 따라서 반지름 $\sqrt{5}$인 원둘레 $2\sqrt{5}\pi$를 $360°$에 대응시켜 비례식 $6\sqrt{5}\pi : 360° = 6\pi : x$를 풀면 $x=$약 $161°$.

연습문제 사용법

연습이라면, 의미 없이 기계적으로 반복하는 주입식 학습이 떠오른다. 대안학교에서 이런 훈련이 웬 말일까? 지금껏 내가 주장하던 바와 어울리지 않는다고 여길 수 있겠으나 이 또한 필요하다는 게 나의 생각이다. 아이들이 수업에서 의견을 다양하고 활기차게 드러내더라도 이를 정리해 자기 것으로 다듬어야 한다. 그런데 실제로는 이 단계가 여간 만만치 않다. 이 고비를 넘기려면 꾸준한 연습이 필요하다. 물론 앞에서 '수학은 의지의 과목'이라고 여러 번 강조하면서 다양한 경험으로부터 추상적 사고 개념을 끌어올려야 한다고 했다. 그러나 잘 조작된 활동이라도 모든 내용을 다 받아들일 수는 없다. 어떤 경우는 적절한 연습을 통해 개념을 발견하고 연습하는 것이 오히려 필요하다. 이런 습관은 저학년에서 만들어진다.

이 책의 앞부분인 수업 사례에서 언급했듯이 '연산'은 단순히 물건을 사고 팔 때 계산을 편리하게 하기 위해서라기보다 수를 다룰 수 있고 그 안에 존재하는 현상의 본질을 찾아가는 데 적합한 방법이다. 그런데 이 방법을 활용하려면 끊임없이 새롭게 등장하는 '도구'에 익숙해져야 하는데 이 도구의 이름이 '수'다. 1학년에서 자연수를 받아들이고 나면 어느 틈에 분수가 나오고 소수를 배우면 유리수가 등장한다. 겨우 숨을 돌릴 만하면 무리수와 복소수가 등장하니 아이들로서는 정신이 없을 만도 하다. 물론 새로운 형태의 수가 등장할 때마다 관점은 넓어지고 깊어진다. 분수는 비례라는 개념을 파악하는 데 도움을 주고, 소수는 다시 비례관계를 십진법으로 이해하도록 도와준다. 또한 유리수와 무리수는 무한의 개념까지 아이들의 의식을 끌어올려 추상적인 사고를 만드는 데 결정적인 자극과 도움을 주므로 연산연습은 제대로 사용한다면 오히려 좋은 영향을 준다. 이런 이유로 수학 주기 집중수업은 다른 과목과 달리 12년 동안 모든 학기에 한 번도 빠지지 않으며 다른 수업을 견인하는 역할을 한다.

그런데 연습문제를 사용하기 전 우선 고려해야 할 사항이 있다. 마치 병원에서 처방을 하기 전에 진찰과 상담을 하듯이 섬세한 관찰과 다면적인 평가가 필요하다. 특히 저학년의 경우에 더욱 그렇다. 연산을 어려워하는 아이들을 살펴보면 대부분 또래에 비해 많이 어리다. 교사에게 잘 기대며 이야기를 들을 때면 푹 빠져서 그 시간이 계속되기를 바란다. 이런 아이들에게 더하기나 빼기가 능숙하도록 연습을 하라고 한다면 오히려 역효과를 가져온다. 이럴 때 우리는 부모와 아이의 관계를 먼저 본다. 부모와 유착 관계가 깊을수록 세상 모든 것이 너무나 구체적이기만 하여 서로의 관계를 이해하지 못하므로 기본적인 추상화 작업이 되지 않는다. 이런 이유로 부모와 만나 아이를 대하는 태도나 가정에서 지내는 생활을 먼저 점검하고 어떤 것을 바꿔 볼지 상담을 한다. 읽어 주는 동화책의 내용을 바꾸기도 하고 생활 습관을 독립적으로 하도록 유도하는 등, 아이가 '수'를 받아들일 수 있는 환경을 만드는 게 우선이다. 물론 교사도 본인이 아이들을 어리고 사랑스럽게만 대하는 건 아닌지 자신의 수업 태도를 점검한다. 단순히 연산이 되지 않는다고 하여 연습으로 극복하려 하지 말고 다른 요소를 점검하고 조정하여 균형을 맞춰 간다면 아이들은 훨씬 더 건강하게 자란다.

이렇게 여러 가지 조건을 살펴보면서 아이가 준비되었다고 여겨지면 그때 연습을 강화한다. 누군가는 묻는다. '준비되었다는 것을 어떻게 알 수 있을까요?' 그런데 아이들을 관찰해 보면 연산 속도가 느리거나 빠르다던가 규칙을 잘 찾거나 그렇지 않다던가 또는 도형의 특징을 쉽게 이해할 수 있고 없고 등등이 아이들마다 유형화되지 않은 채 혼재되어 드러남을 알 수 있다. 또한 과거로부터 오는 많은 것들과 주변의 상황이 한 아이를 통해 발현되기 때문에 적당한 시기나 방법을 한마디로 정리하기는 어렵다.

하지만 어려워도 가능한 방법이 있다. 각 개성이 잘 발현되도록 배려하고 기다리는 교육철학의 특성상 교사들은 매일 달라지는 아이들의 변화를 중심에 두고 배움의 속도나 성취도 역시 개별적으로 평가하는 데 오히려 익숙하다. 그래서 균형을 맞추기 위해 보편적이고 구체적인 기준을 합의하고 마련하여 평가의 한 요소로 활용한다. 이런 기준은 한 학급을 계속 맡아 수업을 진행하는 교사에게 하나의 이정표가 되며 경우에 따라 용기를 가지고 과감하게 아이들을 끌어올리는 계기가 된다. 교사들은 이에 근거하여 보충이 필요한 아이들을 일정한 수준에 도달하도록 함께 연습하고 있다. 어떤 내용으로 어느 정도 할지에 대해서는 '학생 관찰'이라는 교육회의 시간을 통해 여러 교사들이 함께 이 작업에 참여한다. 아이들이 균형 있게 발전하려면 한 과목에서만 이루어지는 것은 아니기 때문이다. 동료 교사들과 수업 이야기를 나누다 보면 서로 도울 일이 생긴다.

예를 들어 비례식을 그냥 공부하기보다 지리 공부와 연결하여 비율에 따라 축소한 지도를 그리다 보면 아이들이 비례를 더 쉽게 받아들인다. 소수를 배울 시기에는 체육과 협동하고, 천문학에서 태양계를 알아갈 때 거듭제곱을 배우면 큰 수에 대한 감각이 잡힌다. 교사들이 함께 모여서 아이들 이야기를 하다 보면, 대부분의 과목에서 같은 태도를 보이는 아이도 있고 과목마다 다른 태도를 보이는 아이도 있음을 발견한다. 또 내가 알아채지 못하는 점을 유심히 눈여겨본 동료 교사가 그 아이와 공감할 만한 팁을 알려 주기도 해서, 그동안 잘못 알고 있었던 정보를 교정할 기회를 얻기도 한다. 이처럼 교사들이 한 아이나 한 학급에 대해 얼마나 공유하는가에 따라 수업이 풍성해지고 달라지는 것을 자주 경험한다.

그런데 기준을 만들어 놓으면 그때부터 누가 일정 수준에 미달되거나 뛰어나다는 평가가 자연스럽게 발생한다. 그렇기 때문에 기준이란 '그 아이의 부족한 면으로 파악하기보다 현재 어느 단계에 이르렀는지 살피는 것'을 목적으로 한다. 나는 처음에 이런 관점을 세워가는 것이 아이들을 위한 배려라고 여겼지만 지날수록 교사를 위한 장치라는 걸 알게 되었다. 한 아이에 대해 내가 내리는 평가가 얼마나 주관적이고 교사 중심적인지 놀라게 되었고, 나의 시선을 조금씩 넓혀 더 다양한 요소를 충분히 고려하려고 한다.

그래서 '이 아이는 두 자리 수끼리의 곱셈이 안 되니 이 연습을 많이 시켜야겠다'라고 단정하기보다 '한 자리와 두 자리 수의 곱셈이 되는 걸 보니, 10의 자릿수에 대한 이해가 있구나'라고 아이의 현재 상태를 파악하면 무엇을 연습할지 그 해법이 나온다. 즉 두 자리 수끼리 곱하는 경우에는 10의 자리끼리 곱해 100의 자리가 된다는 것을 아이가 이해할 지점부터 연습하면 된다. 이렇게 접근하면 아이나 교사의 조급증이 사그라들고, 어디서부터 손을 써야 할지를 가늠할 수 있어서 자신에 대한 신뢰도 높아진다. 또 7학년 아이가 '직선의 방정식'을 세우는 데 어려워하는 경우도 마찬가지다. 이런 아이들도 표를 보고 가로 세로 숫자들 사이의 변화를 이해할 수는 있다. '너는 규칙을 찾아 정리할 수 있어. 그러니 그 사이에 놓인 관계를 우선 글로 써 보자.'고 제안한다. 이렇게 여러 문제를 거치다 보면 어느덧 아이는 직선의 식을 이해하게 된다.

실제 성과의 기준은 교사의 수업 목표가 아닌 아이들 하나하나에 있다. 그러니 당연히 아이마다 적용하는 방법이나 내용이 달라진다. 하지만 모든 연습이 늘 개별적으로 이루어질 필요는 없다. 이는 교사에게 과중한 업무일 뿐 아니라 아이들에게도 좋은 경험은 아니다. 왜냐하

면 자신에게 맞춰진 교사의 언어와 방법에 익숙해질수
록 일반적인 문장을 소화하는 것은 어려워하기 때문이
다. 어느 정도 준비가 되면 단계별로 나와 있는 연습문
제를 혼자 연구해 푸는 게 좋다.

　그렇다면 바람직한 연습문제는 어떤 형태일까? 사실
학교 수학은 온통 수학적 사고의 틀을 쌓기 위한 연습
의 과정이다. 필요하다면 의미 없이 반복되는 단순한 문
제도 풀어야 한다. 다만 수학 문제는 저마다의 목적이
다르다. 즉, 반복 풀이 연습은 그것만으로는 수학적 사
고가 형성되기 어렵다.

　예를 들어 밑변과 높이를 표시한 삼각형을 그려 놓
고, 다음 삼각형의 넓이˚를 구하라는 문제는 사실 곱셈
과 나눗셈 연습이다. 아이들에게 '도형의 넓이를 구하
라'는 본연의 목적을 제시하려면 '왜 삼각형의 넓이는
밑변과 높이를 곱한 후 2로 나누는가?'라고 질문했어야
한다. 나는 어느 대담에서 최수일 소장˚˚이 이 문제점을
거론할 때 나도 모르게 고개를 끄덕이며 크게 공감했
다. 그러니 교사는 아이들이 이 문제를 해결하지 못한다

˚ 삼각형의 넓이= $\dfrac{\text{밑변} \times \text{높이}}{2}$

˚˚ 사단법인 '사교육걱정없는세상'에서 수학 교육 포럼 대표를 맡고 있으
며 현 '수학교육연구소' 소장.

면 공식을 한 번 더 확인시키기보다 우선 그 원인이 어디에 있는지 살펴야 한다. 만일 아이들이 곱셈과 나눗셈을 못한다는 것이 발견되면 넓이 문제를 풀기보다 연산 연습을 보충해야 한다. 연산 연습이 계산식을 빨리 푸는 연습일 필요는 없다. 수리적 감각이 뛰어나면 연산이 쉽고 수학을 잘할 가능성이 있지만, 연산을 빠르게 계산하게 된다고 수리적 감각이 자라는 건 아니다. 이 두 가지는 상관관계가 그렇게 높지 않다. 오히려 계산에 집중해야 하는 분위기에 젖으면 그 안에 있는 규칙과 변화 과정을 놓치거나 가치를 두지 않게 된다. 고학년에서 배우는 분배법칙이나 수열은 어려서부터 해 온 관찰 습관이 잘 밴 아이들이 쉽게 이해한다. 그러니 필요한 연습은 하되 충분한 시간을 주어 아이들이 복잡한 계산을 스스로 해결할 수 있는 힘을 키우도록 한다.

만일 삼각형 넓이를 구하는 공식을 떠올리지 못해서 생긴 어려움이라면 그때는 넓이에 대해 정리한 공책을 뒤져서 그 내용을 직접 찾도록 유도한다.

그런데 아이들이 밑변이나 높이가 무엇인지 정확하게 알고 있을까? 6학년 도형의 넓이 단원에서 삼각형의 넓이가 직사각형 넓이의 반이라는 것을 찾는 활동을 했다. 직사각형의 가로와 세로가 삼각형의 밑변과 높이가 된다는 결론을 냈고 연습도 했다. 그런 후에 다음과 같이 길이나 높이에 대한 아무런 정보도 없이 삼각형만 그려 놓고 넓이를 구해 보라고 했다.

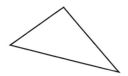

일반적으로 삼각형의 넓이를 구하라는 문제에는 반드시 밑변과 높이가 표시되어 있다. 만일 아이들이 그런 문제에 익숙해 있다면 이것을 풀기가 쉽지 않았을 것이다. 왜냐하면 관성처럼 삼각형에 그려진 두 숫자를 보고 공식에 넣어 계산하기 때문이다. 어쩌면 문제가 잘못되었다고 하지 않을까. 그런데 이 문제를 본 아이들은 다행히 그런 질문은 하지 않았다. 그렇다면 제일 먼저 무엇을 하였을까? 자를 찾았다. 그런데 자로 당장 할 수 있는 게 없다는 걸 알았다. 어디에도 표시되어 있지 않은 높이를 어떻게 구할지 의논하였다.

"높이는 끝에 수직 표시가 있었어."

"뭐랑 수직이지?"

"높이나 길이 표시한 거 보면 밑변에서 수직으로 올라가."

"어디가 밑변이야? 도대체!"

"공책을 이렇게 돌려 봐. 그러면 이게 밑변이 되니까."

"수직은 어떻게 찾는 거야?"

아이들은 꼭짓점에서 밑변으로 수선을 내리는 방법을 찾지 못했다. 분명히 수업 시간에 같이 했으나 까맣게 잊어버린 채 밑변에 자를 수직으로 놓고 이리저리 움직였다. 그러다 자가 밑변에 마주 보는 꼭짓점을 지나는 지점을 찾았고 그 점과 꼭짓점까지 거리를 재어서 높이를 알아내었다.

나는 이런 식으로 아이들이 수학 용어에 익숙해지도록 유도하는 문제를 많이 낸다. 심지어 일부러 틀린 문제를 주고는 아이들이 고치도록 하여 그 과정에서 개념을 정리하도록 한다. 수학적 사고를 하려면 그 세계에서 쓰이는 용어를 다룰 수 있어야 한다고 보기 때문이다. 그래야 자유롭게 상상을 할 수 있다. 이런 의미에서 개념어를 제대로 이해했는지 확인할 수 있는 좋은 기회로 수학 문제를 활용할 수 있다.

더하기나 빼기도 수학 용어이다. 이를 받아들이기 위해 1학년에서 얼마나 섬세한 작업을 하는지 앞에서 설명하였다. 자주 쓰여서 낯설지 않은 연산 부호도 이럴 정도이니 대부분의 수학 용어는 일반적이지 않아서 일일이 그 뜻을 새롭게 이해해야 한다. 어디에서나 통하는 일반성을 추구한다는 수학이 '일반적이지 않다'니 앞뒤가 안 맞긴 하다.

그런데 예를 들어 '크다'와 '작다'를 보자. 우리가 'A는 B보다 크지 않다'고 하면 대부분은 'A는 B보다 작구나'라고 이해한다. '크다'의 상대어는 '작다'이므로 '크지 않다'라는 표현 역시 '작다'와 같은 의미로 받아들이기 때문이다. 그렇게 사용해도 생활에 아무 문제가 없을 정도로 일반적이다. 하지만 실제 두 사물을 비교하면 '크지 않다'가 '작다'를 뜻하지 않는다. 즉, 둘 사이의 크기를 비교하면 '크다'나 '작다'에 '같다'라는 경우가 추가되어 모두 세 가지 경우의 수가 발생한다. 이렇게 되면 '크다'의 부정인 '크지 않다'는 그냥 '작다'가 아니라 '같거나 작다'이다. 이 해석은 우리에겐 낯설지만 누가 봐도 옳다.

'크지 않다'를 '작다'로 해석하는 것과 '작거나 같다'로 해석하는 것. 수학은 후자를 택함으로써 어떤 경우에도 오류가 없도록 한다. 수학이 추구하는 '일반성'이란 이런 종류이다. 개인의 경험이나 한 공동체의 범위를 벗어나는 개념을 익혀야 하고 이를 소통에 활용해야 한다. 수학은 이런 점에서 가장 사회적인 학문이며 일반화된 개념어를 쓴다고 할 수 있다. 하지만 오히려 너무나 일반적이어서 낯설게 느껴진다.

하나의 개념을 사회가 인정하기까지 긴 시간이 걸리겠지만 한 개인이 사회적 개념을 받아들이는 것도 오랜 시간과 노력이 필요하다. 여태껏 익숙했던 자신의 사고 체계를 바꾸어야 하기 때문이다. 따라서 수학적 용어를 해석하고 이해한다는 것은 지금껏 가지고 있던 틀에서 벗어나 객관적이고 명확하게 사고한다는 의미다.

수업에서 아래의 세 가지 연습문제를 아이들과 다루어 보았다.

(질문1) 다음은 가분수를 진분수로 나누는 연산이다. 알맞은 값을 구하세요.

$$\frac{5}{3} \div \frac{4}{5} \qquad \frac{5}{2} \div \frac{1}{3} \qquad \frac{8}{5} \div \frac{3}{4}$$

(질문2) 다음은 가분수를 진분수로 나누는 연산이다. 계산한 결과가 가장 큰 것에서 가장 작은 것을 빼세요.

$$\frac{5}{3} \div \frac{4}{5} \qquad \frac{5}{2} \div \frac{1}{3} \qquad \frac{8}{5} \div \frac{3}{4}$$

(질문3) 다음 식 중 하나는 가분수를 진분수로 나누는 연산식이다. 이 연산식을 찾아서 계산하세요.

$$\frac{5}{3} \div \frac{4}{3} \qquad \frac{1}{2} \div \frac{1}{3} \qquad \frac{8}{5} \div \frac{3}{4}$$

질문1은 말 그대로 계산 문제이다. 문제를 보자마자 부지런히 계산하면 된다. 아이들은 이 문제를 풀 때 앞의 설명을 눈여겨볼 필요가 없으므로 당연히 가분수나 진분수에 대해 생각하지 않는다. 질문2는 아이들이 정말 싫어하는 종류의 문제이다. 두 가지 질문을 한 문제에 넣어 두었으니 출제자의 입장에서야 효율적이겠으나 푸는 입장에서는 치사하기 이를 데 없다. 무엇을 결과물로 내놓아야 할지 판단해야 하므로 나름 독해력을 살펴볼 수도 있으나 아이들의 인내심을 시험하는 성격이 더 크다. 역시 여기서도 가분수나 진분수를 이해하는지 여부는 아무런 의미가 없다. 질문3은 얼핏 보기엔 식 하나만 찾아 계산하면 되는 간단한 문제인 것처럼 보이나, 가분수와 진분수가 무엇인지 확실하게 알아야 해결이 된다. 생각보다 만만치 않다는 것을 알아차릴 즈음엔 아이들도 이미 문제에 빠져 공책을 뒤적이고 있다. 질문3과 같이 개념의 용어를 알도록 유도하는 문제의 형태는 처음부터 의도한 건 아니었다. 문제를 만들던 중 대부분 중요한 조건으로 나와 있는 용어를 눈여겨보지 않고 그냥 넘어간다는 것을 알고 기존 문제를 살짝 비틀어 본 것이었다. 그런데 이 문제 하나가 교사의 열 마디보다 더 확실하게 분수 개념을 아이들에게 새겨 놓았다.

학년이 올라갈수록 쓰이는 수학 용어는 단순하지 않다. 그래서 아무리 수업에서 적절하게 경험을 하고 이를 개념으로 연결하여 정리하더라도 이것만으로는 부족하다. 아는 것 같은데 설명하지 못하면 제대로 아는 게 아니다. 배운 개념에 대해 정확하게 설명할 수 있도록 익숙해져야 다른 개념과도 연결을 할 수 있다. 질문3과 같은 형태의 연습문제는 아이들이 그동안 배운 수학적 용어를 스스로 확인하도록 자극하며 또한 수학적 용어를 정확하게 파악할 수 있도록 돕는다.

고학년이 되면 기존의 문제집을 많이 활용해도 상관없다고 본다. 다만 이때 답이 틀리는 것에 너무 얽매이지 않도록 하면 된다. 답을 내는 일에 너무 매몰되면 그저 문제 속의 숫자 몇 개를 조합하여 답을 만드는 기술만 발달한다. 어떤 경우는 답이 맞지만 해결한 방법이 알맞지 않은 경우도 많으므로 자신의 풀이 과정을 꼭 적도록 원칙을 세운다. 또한 답이 틀리면 어디에서 잘못 적용했는지를 살펴보고 이른바 '나의 발견'이라는 메모를 적도록 한다. 처음에는 '잘못 계산해서 틀렸다'든가 '몰라서 틀렸다'라고만 적지만 어디에서 어떻게 잘못했는지 뭘 모르겠는지 말해 보라고 하고 그걸 적으라고

Q $(2^3 \times 3^2 \times 7)$, $(2^2 \times 3 \times 5)$의 최대공약수는?

A 최대공약수는 $2^2 \times 3$

왜냐하면 최대공약수는 여러수중 모두 나눠지는 수들중 가장 큰 것이기 때문이다. 지금까지 우리는 여러 수들의 공약수를 모두구해보고 그중 가장큰 것을 찾아 왔었다. 예) ①2, ⑤=10   가장큰것은 5. 하지만 우리는 이 ③3, ⑤=15 제 수들만 보고 바로 약수인지아닌지 알수없다. 예로 2³× 3²×7, 2²×3×5를 들것다. 이 수들의 최대공약수는 이 두 수들 안에서 나눠져야한다. 바로 나눠지고 위 동그라 미 수만 보고 바로나눠지 않고 안수있다. 이 수들에는 공 통된 수들이 있다. 바로 2와3이다. 바로이 2와3중 가장큰 것을 고른다. 물론 두수에 모두들에 있어야한다. 그러면 2²×3 이 나온다. 2²×3이 두수에 최소공배수이다.

$2^3 \times 3^2 \times 7$과 $2^2 \times 3 \times 5$를 풀어보겠다.

$2 \times 2 \times 2 \times 3 \times 3 \times 7 = 2^3 3^2 \times 7$

$2 \times 2 \times 3 \times 5 = 2^2 \times 3 \times 5$

이 수중 2,3이 겹친다. 가장 많이 겹치는건 2두개, 3하나 이다.

그래서 $2^3 \times 3^2 \times 7$과 $2^2 \times 3 \times 5$의 최소공배수는

그림49. '최대공약수는 여러 수를 모두 나누어지는 수들 중 가장 큰 것'. 흔히 '최대공약수'를 '공약수 중 가장 큰 수'라 정의하고 이렇게 소개한다. 상당히 정제된 문장이지만 아이들에게 이 정의 자체는 최대공약수를 이해하는 데 별 도움이 되지 못한다. '공약수'를 다시 정의해야 하니 읽는 이에게 동어 반복으로 느껴져 낯설기는 마찬가지다. 그에 비해 위의 해석은 읽기 쉽다. 수업에서 했던 활동을 그들의 언어로 풀어서 정리를 했기 때문이다. 게다가 이전에 최대공약수를 구했던 방법과 비교까지 하여 적었다. 스스로 정리한 개념어는 온전히 자신의 것이 된다. 사실 '여러 수를 모두 나누어지는 수'가 아니라 '여러 수를 모두 나눌 수 있는'이라고 써야 한다. 문장에 오류가 있지만 수업이 어느 정도 진행되면서 바로잡으면 된다.

반복 제안하면 아이들의 글은 점차 달라진다.

이렇게 하면 문제 풀이가 틀렸을 때 배울 점을 하나 더 찾았다는 점을 이해하게 되어 '틀려도 괜찮아'라는 말을 받아들인다. 자신이 발견하고 정리한 오류는 좀처럼 다시 틀리지 않으며 혹여 틀리더라도 "아참, 그랬지."라며 넘어간다. 틀리는 건 괜찮다. 오히려 틀리게 풀었는데 답이 맞는 경우가 문제다. 연습문제를 왜 푸는지 아이들이 그 의미를 발견하도록 도와주기 위해 교사가 필요하다.

흔히 연습의 기능을 '풀이 방법을 익혀 다른 문제에 적용하기 위함'이라고 인식하여 유형별이라는 명목의 많은 문제를 풀게 한다. 하지만 이런 공부에 익숙한 아이들은 정작 모르는 문제를 만나면 배우지 않았기 때문에 못 푼다고 여기며 생각을 멈춰 버린다. 이런 경향은 쉽게 전염될 뿐 아니라 불안감에 멈추지 못하므로 나는 아이들이 여러 번 시도하고 실패와 성공을 경험하는 수업을 한 뒤 마무리할 때 유형별 문제 풀이를 활용하고 있다.

하지만 아무리 자발성을 독려하고 교사가 뒤로 물러서 그들에게 주체로 참여하도록 한다 해도 아이들은 교사에게 기댄다. 교실에는 조금만 어려워도 일단 "선생님, 모르겠어요."라며 시작하는 아이들이 늘 있다. 아이들이 몰라서 못 풀겠다는 건 무슨 의미일까? 그건 방법을 찾기 힘들거나 하고 싶지 않다는 선언이다. 그래서 모르겠다고 하는 아이들에게 언제부터인가 내가 쓰는 방법은 '선언'과 '질문'을 구분하도록 하는 거다.

나는 수업 중 학생이 "잘 모르겠어요." 하면 "그것 참 안됐구나." 하고 대답해 준다. 그런 대답이 어디있냐고 하겠지만, "네가 지금 모른다고 선언을 했으니, 나도 대답을 한 거야."라고 대꾸한다. '모르겠다'는 말은 질문이 아니다. 어느 단계에서 어느 부분을 이렇게 풀었다고 자신의 생각을 설명한 후 '어떻게 생각하느냐'고 물어야 질문이다. "선언을 하지 말고 질문을 하세요!"라고 줄곧 말하다 보면, 만나고 일 년 정도 지난 어느 시점부터는 더 이상 모르겠다는 말을 하지 않는다.

앞에서 소개한 원뿔의 전개도를 찾는 수업의 예에서 보듯이 원뿔 전개도에 대한 그 어떤 정보도 아이들에게 없었지만 이 점이 오히려 도전 의식을 자극하였고 결국 그들끼리 해 낼 수 있었다. 이 힘을 키우는 데 최적의 방법은 평상시에도 자기의 생각을 서술하기를 지속하는 거다. 거기에는 틀린 게 없다.

'아이들은 배우는 것을 배우러 학교에 온다'는 말이 있다. 그들은 모르는 것을 배우는 게 아니라 모르는 문제에 부딪혔을 때 그걸 해결하는 법을 배우러 온다. 아이들이 학교에 오는 이유는 이처럼 쉽지 않은 과정을 기꺼이 교사와 함께하기 위해서이다. 그러니 교사가 할 일은 이들이 그 힘을 키우는 데 필요한 조건을 제공하는 것이다. 중요한 것은 문제 풀이의 교육적 가치가 아니라 이를 대하는 우리의 자세이다.

며칠 전 복도에서 만난 아이가 물었다. "수학과 연관이 깊은 과목이 뭐라고 생각하세요?" 제일 먼저 생각난 과목은 음악이었다. 그리고 미술, 체육, 건축, 천문학, 경제…….

"그런데 왜 이걸 물어보니?"

"제가요, 수학이 재미있기는 한데 이걸 계속할 마음은 없고요. 제일 연관된 걸 공부해 볼까 해서요. 선생님 말씀 들으니 아무래도 체육을 해야 될까 봐요."

그러더니 휑하니 떠나갔다. 수학이 재미있다고는 한 거 같은데 갑자기 체육을 왜 하겠다는 건지. 아직 물어보지 못 했지만 뭔가 나름의 깊은 뜻이 있으리라. 그래도 수학을 좋게 봐 줘서 하루 종일 고마웠다. 흔한 일이 아니잖는가!

그러고 보니 내가 수학과 가장 연관된 과목으로 음악을 언급했던 것은 아이들과 수업하며 경험해 온 것들 덕분이다. 저학년의 리듬 활동부터 고학년의 물리와 천문학에서 발견한 음악적 요소까지 하나하나가 나에게 경이로움이었다. 다른 과목들에서도 마찬가지다. 짧지 않은 기간 푸른숲발도르프학교의 수학 교사를 하면서 감각이 풍성해지는 혜택을 누렸다. 교사가 아니었다면 얻기 어려웠을 일이다. 앞에서 말한 수업들 역시 나에게 감동의 순간들을 안겨 주었다.

과목 교사로서 매년 같은 학년을 맡지만 학생들이 다르니 늘 새로운 이야기가 시작되는 것과 같다. 수업 상황의 변화무쌍함은 늘 교사를 긴장시키지만 어느 때는 너무나 예상대로 진행되어서 당황하던 때도 있었다. 나도 모르게 교사의 의도를 내세웠을 가능성이 많기 때문이다. 창밖의 바람 소리나 친구들의 소소한 동작에 집중하는 아이들과 힘겨루기를 하느라 허둥대는 경우도 많다. 지면의 한계로 인하여 책에서는 수업 장면을 다 그리지 못했을 뿐, 매 순간이 좋을 수는 없다. 당연한 결과이지만 수업하다가 환한 빛을 느끼며 교실 문을 나서는 일이 자주 있는 건 아니다. 하지만 그런 시간은 짧아도 강력하고 건강한 생명력을 가지고 있기 때문에 그렇지 않은 시간들을 제대로 덮어 준다. 그 덕에 '나는 행복하구나!'라고 여기며 살아간다.

하지만 아이들에게는 행복보다 도전과 극복의 시간

이다. 수학이라는 과목은 만만하게 즐길 대상이 아닌 이유로 어떤 학교에서는 선택 과목으로 분류하여 아예 수학 수업이 없어지기도 한다고 들었다. 학교에서 수학 수업이 없어지면 수학을 하지 않아도 될까? 그렇지 않다. 현대 인류가 쌓은 문명과 기술을 이해하려면 체계적인 사고의 단계를 거쳐야 하고 그 정점에 수학이 있기 때문이다. 오히려 수학이 더욱 필요한 시간이 다가오고 있다. 나는 수업에서 이러한 수학 본연의 가치를 제대로 구현할 방법을 고심하지만 여전히 갈 길은 멀다. 그러므로 이 책은 '어느 수학 교사의 분투기'라 하는 게 맞겠다. 특별한 해답은 없지만 나의 경험과 시도를 소개한 이 책이 비슷한 고민을 안고 사는 이들에게 자기 이야기를 시작하는 계기가 되기를 바란다.

이제 기하학 시간에 있었던 일을 전하고 나의 이야기를 마치려 한다. 그날도 아이들은 여느 때와 마찬가지로 한 시간 내내 정다각형을 작도하였다. 오류를 수정해 가며 오차 없이 정확하게 작도하는 작업을 드디어 성공적으로 마무리하고, 이제 그 위에 색연필을 이용하여 원래 목적했던 도형을 진하게 그리는 일만 남겨 두고 있었다. 이때 연필로 그린 무수한 선분과 교차하는 원 등의 밑그림을 깨끗하게 지워야 새로 칠하는 색이 잘 보인다.

그런데 아이들이 이 밑그림을 못 지우겠단다. 유난히 복잡하여 너무 고생하며 애써서 그린 거라 아깝다는 거였다.

"선생님, 이 많은 원을 꼭 지워야 해요? 저는 애들이 주인공 같은데, 정말 아쉬워요."

"그래서 더 지워야 해. 우리의 목적은 정십각형을 그리는 거였잖니? 지금까지 그린 선들은 그 도형을 위해 존재했던 거야. 자기의 일이 끝났으니 사라지게 해 주자. 그걸 지워야 도형이 빛나는 거야."

"아…… 그러고 보니 연필로 그린 원은 선생님 같아요."

"……?"

"선생님들은 그러시잖아요. 늘 우리를 받쳐 주고 도와주시잖아요. 그러면서 안 드러나고."

수학이 아이들의 삶에 의미가 있다고 여기고 실현하고자 하지만 이 모든 것은 아이들의 몫이다.

지워지면서 그들을 드러나게 하는 원과 같은 존재.

나는 수학 교사다.

푸른숲발도르프학교 수학 교육과정
(담임 과정)

앞에서 소개한 수업들의 바탕인, 푸른숲발도르프학교
의 수학 교육과정을 간단하게 소개한다. 주기집중수업
의 주제만 다루었고, 수학 과목 수업은 반영하지 않았
다. 소개한 수학 교육과정은 발도르프 교육철학을 바탕
하고 있으면서, 매년 검토하여 우리에게 적합하게 수정
과 보완을 한다. 교육과정은 완결이 아니라 말 그대로
과정이기 때문이다. 또한 언급된 것 외에도 다양한 주제
를 다루고 있으며, 외국어와 예술 과목의 교사들과 함께
어우러져 아름다운 그림을 그려 나가고 있다.

1~3학년

학교에 갓 입학한 아이들에게 수업은 놀이이다. 아이들
은 궁리하고 발견하는 기쁨으로 배울 준비가 되어 있
다. 이 시기는 아직 세상과 내가 밀접하게 연결이 되어
서 마치 거울처럼 세상을 받아들이므로 교사의 움직임,

소리, 모든 것을 고스란히 받아들이고 즐긴다. 경이로운 몸의 성장을 위해 온 힘을 다 쓰는 만큼 만지고 듣고 보는 등 직접 감각할 수 있는 경험을 통해 배움이 이루어지도록 배려한다. 수업 전반에 형태 그리기나 음악 등 움직임과 음악적 요소가 많다. 3학년이 되면 영구치의 완성이라 표현되기도 하는 신체적 변화와 함께 부모로부터 의식적으로 분리가 시작된다. 아이들이 스스로 살아가는 기술을 익히는 의미로 농사나 수공업, 집짓기 등 발도르프학교 교육과정에서 가장 다이내믹하고 수확이 풍성한 학년이다.

이 기간 동안 수학에서 '숫자'로 세상을 만나고 사칙연산의 부호 사용법을 익힌다. 이후 3학년이 되면 구체적이고도 실생활에 밀접한 여러 가지 단위들을 공부한다. 이로써 앞에서 소개한 모든 주제에 수학이 유용한 기술로써 사용된다.

1학년

주제: 세상을 자연수에 담기, 주고받는 덧셈과 뺄셈

- 1부터 10(12)까지의 수를 자연수로 표현하고 이를 사용하여 50까지 세기
- 큰 수를 세기 위한 준비와 자릿수의 의미 알기

- 100개까지 물건 세기, 대소 비교하기
- 가르기와 모으기, 여러 가지 방법 찾기
- 더하기와 빼기 부호를 사용하여 수학적인 상황을 표현하기
- 받아올림 있는 한 자리 수의 덧셈, 뺄셈을 여러 가지 방법으로 할 수 있고 그 활동을 수식으로 쓰기
- 받아올림 없이 두 자리 수의 덧셈, 뺄셈을 할 수 있고 그 활동을 수식으로 쓰기
- 같은 수끼리 반복된 덧셈과 뺄셈 계산하기
• 공책 정리: 자신들이 한 활동을 그림으로 표현하다가 이후에는 수와 부호가 아닌 글로 적을 수 있도록 한다.

2학년

주제: 넓어지는 수의 세계, 사칙연산

- 두 자리 이상의 수를 이용한 연산 연습을 즐기기
- 상황이 계속 연결되게 만든 이야기에서 앞뒤 문맥을 이해하며 수식 만들기
- 수식을 보고 그것의 의미를 예를 들어 말하기
- 1000까지의 수 세기
- 받아올림과 받아내림이 있는 두 자리 수 범위의 덧셈과 뺄셈(세 개 이상의 수끼리 연산으로 확장); 여러 가지 방법으로 찾아보기

- 구구단 익히고 구구단표 만들어 곱셈에 활용하기
- 한 가지 수가 다양한 수의 곱으로 나타남을 그림에서 찾고 서로 비교하기
- 나눗셈의 개념 발견하고 부호 활용하기
• 공책 정리: 자신들이 한 활동을 교사의 도움 없이 글로 적고 수식으로 표현한다.

3학년

주제: 길이와 무게, 들이 그리고 시간의 측정. 나의 감각에서 세상의 기준으로 나아가다

- 자 없이 거리나 물건의 크기를 재는 방법 찾아보기
- 미터법 이해하기, mm에서 km로 확장하여 연산 연습하기
- 손으로 재어서 무게 가늠하기
- 물건의 무게를 g, kg로 표현하고 단위를 구분하여 연산 연습
- 크기와 무게의 차이 알기
- 들이와 시간의 단위를 알고 계산하기
- 농사나 집짓기에 측정 단위를 활용하여 작업하기
- 다섯 자리 이하의 수의 범위에서 수의 계열을 이해하고 수의 크기 비교하기
- 세 자리 수의 덧셈과 뺄셈의 계산 원리를 이해하고 계산하기
- 곱하는 수가 한 자리 수 또는 두(세) 자리 수인 곱셈에서 계산

결과 어림하기

- 나눗셈 부호(÷)를 활용하여 나눗셈하기

4~5학년

세상에 발을 딛고 서기 시작한 4학년 시기의 아이들은 이제 주변과 거리를 두게 되고 그만큼 개별성이 드러난다. 또한 교사나 어른에게 보여 주었던 무조건적인 신뢰가 사라지면서 원인이나 이유를 궁금해한다. 그러면서도 아이다움이 남아 있어 긍정과 부지런함, 활기 등으로 가장 균형 잡힌 모습이다. 수업은 이러한 아이들의 상태를 반영한 주제들로 이루어진다. 근원에 대한 탐색으로 신화는 고대문명까지 이어지고, 살고 있는 지역의 과거에서 시작하는 동네학은 5학년 때 한국지리로 넓혀진다. 또 자연학으로 동물학을 먼저 배우는데 각 동물의 특화된 성향에 자신을 투영하면서 점차 드러나는 자신의 개성을 살핀다. 이후 5학년 때 식물의 생태를 공부하며 다양한 개체가 어떻게 지구에서 조화를 이루며 사는지 알게 된다.

수학 수입은 사물과 사물의 관계를 적극적으로 수용하게 되는 '분수'를 다루며 아이들은 수의 추상성을 비로소 경험한다. 이 때 개별 차이가 나기 시작하므로 본격적인 연습이 필요하다. 본격적인 역사 수업이 시작되는 5학년에서 이전에는 생활의 도구로 쓰이던 자연수를 피타고라스의 수의 관점에서 만나며 자연에 대한 관찰로 확장하여 기하학을 시작한다.

4학년

주제: 분수, 전체와 부분의 관계를 알 수 있는 새로운 수

- 전체와 부분으로 비교할 수 있는 여러 가지 상황을 찾아 이를 표현한 후 분수로 정리하기
- 비의 값으로 분수 접근, 나누는 몫으로의 분수 경험하기, 여러 가지 방법 찾기
- 분모가 같은 분수끼리, 단위분수끼리 크기를 비교하기
- 분모가 같은 분수의 덧셈과 뺄셈의 계산 원리를 이해하고 계산하기
- 단위분수의 발견, 진분수·가분수·대분수를 알고 그 관계를 이해하기
- 칠교를 이용한 분수끼리 사칙연산 이해하기
- 활동을 자연수와 분수의 곱셈과 나눗셈으로 표현하고 계산하기
- 곱해서 작아지고 나누면 커지는 연산을 경험하고 이전과 차이를 이해하기
- 분수 곱셈의 값은 분자와 분모끼리의 곱셈으로 계산할 수 있

음을 발견하기

- 자연수와 분수의 나눗셈 하기

- 분수와 분수의 나눗셈; 나누는 수를 역수로 만들어 곱하면 결과가 같음을 발견하고 그 방법을 이용하여 계산하기

- 분수와 분수의 나눗셈; 자연수와 자연수의 나눗셈으로 변형하여 계산하기

5학년

주제: 자연수의 성질, 조화와 균형으로 우주 만물을 해석한 피타고라스의 수철학

- 삼각수와 사각수를 찾고 규칙 발견하기

- 소수prime number의 발견과 특징 이해하기

- 약수의 특징에 따른 자연수의 분류(완전수, 부족수, 과잉수, 우정수)와 서로의 관계 익히기

- 제곱수; 1부터 20까지의 제곱수 찾고 암기하기, 피타고라스의 수를 도형으로 소개하기

- 약수와 공약수, 최대공약수, 배수와 공배수, 최소공배수의 관계 발견하기

- 최대공약수, 최소공배수를 도형과 리듬에 연결시켜 표현하기

- 통분과 약분; 공배수의 활용으로 분모가 다른 분수의 덧셈과 뺄셈 계산하기

- 분모가 10인 진분수를 통하여 소수 한 자리 수를 이해하기
- 소수 소개, 자리값 이해, 소수를 사용한 측정, 그것이 무엇을 의미하는지 자신에게 익숙한 측정 방법 중 예를 들어 설명 하기
- 소수decimal number의 사칙연산에서 규칙 찾고 이를 적용 하기

주제: 맨손기하학, 나의 감각으로 자연을 작도
- 선분과 원을 이해하고 도구 없이 정확하게 그리기
- 선분을 자로 재지 않고 눈과 손의 감각으로 등분하기
- 삼각형과 사각형의 모양을 직접 걸어 보고 차이를 느끼기, 모양 그리기
- 같은 넓이를 가지면서 밑변과 높이를 변화시켜 가며 이등변 삼각형과 직사각형을 그리고 상호 연관성 파악하기
- 삼각형에서 밑변을 그대로 둔 채 꼭짓점을 수평으로 움직여 서 직각·예각·둔각 삼각형 그리기
- 규칙에 따른 패턴 파악하기
- 다각형에서 각 변의 중점을 이용하여 나선형 만들기
- 원의 반지름을 이용하여 원둘레 4, 5, 6, 7, 8, 9, 10 등분 하기
- 자연수와 다각형의 관계 알기
- 도형에서 자연의 원형 찾기

이 시기를 거치며 아이들은 새롭게 태어난다. 급격한 성장이 팔과 다리에서부터 시작되며 이차 성징과 함께 정서적인 급변도 나타난다. 누군가는 조용히 지나가길 바라지만 그동안 내면에 숨어 있는 자신의 본모습이 드디어 세상 밖으로 나오는 만큼 거센 도전의 시기임에 틀림없다. 이 학년의 교육 주제는 이러한 혼란 속에서 자신의 길을 찾기 위해 애쓰는 아이들에게 현상을 관찰하는 힘을 키우고 세상에서 일어나는 일들을 이해하고 자신의 역할을 구상하는 기회를 가지도록 배치된다. 따라서 본격적으로 과학 실험이 시작되며 생리학, 천문학은 르네상스와 근대과학 태동기를 다루는 역사 수업과 연결되어 진행된다. 산업혁명 이후 세계사의 흐름과 우리나라의 근대사를 공부하며 개인과 세상이 어떻게 영향을 주고받는지 이해하고 정리한다.

따라서 수학도 개별의 경험에서 한발 나아가 규칙을 발견하고 논리적 근거를 만들기 위한 준비를 한다. 6학년의 도구 기하학과 백분율이 그 시작이며 유클리드 기하학을 배우면서 자신들이 했던 작도를 증명한다. 이 시기에 문자를 이용하여 법칙을 일반화하는 대수학은 앞선 증명과 함께 사춘기 아이들의 불안정한 심리를 잡아

주는 역할을 한다. 본격적으로 좌표평면을 다루는데 이는 과학 실험에서 자주 활용된다. 이어 케플러의 우주관이 8학년 말에 배우는 입체 기하학에서 소개되는 등 수학이 과학 과목 전반과 긴밀하게 연결된다.

6학년

주제: 도구 기하학, 세상을 창조한 신들의 도구

- 컴퍼스 사용법 익히기, 컴퍼스로 원 그리기

- 작도 순서에 맞추어 정확하게 작도하기

- 간단한 작도의 경우 그 순서를 스스로 정리하여 기술하기

- 정삼각형에서 정십각형까지 정확하게 작도하고 그 과정을 설명하기

- 컴퍼스를 이용하여 각과 선분을 이등분하기, 같은 크기로 이동하기

- 작도한 다각형을 균형 있고 아름답게 표현하기

- 자연 속에서 패턴 발견하기, 패턴을 작도로 표현하기

- 정확한 작도를 하기 위한 준비와 마무리하는 습관 키우기

주제: 가능성과 판단의 근거로써 백분율, 정당한 이윤이란

- 백분율의 의미 알기

- 백분율로 표시된 가능성을 이해하고 판단하기

- 판단의 근거를 백분율을 사용하여 설명하고 의견을 교환하기

- 백분율 계산하기

- 백분율을 찾는 계산 과정에서 규칙을 공식으로 표현하기

- 백분율을 이용하여 생활에서 일어난 일 표현하기

- 소수와 백분율끼리의 어림 비교하기

- 세금, 이자와 할인율 계산하기

- 간단한 단리 이자 계산하기

- 표나 원그래프를 이용하여 자료 정리하기

- 벼룩시장을 기획하고 진행하기

7학년

주제: 알고리듬의 기초

- 반복된 무늬를 보며 규칙을 찾고 좌우와 위아래의 운동을 수로 나타내기

- 먼 여행과 관련하여 해발고도, 기온 등으로 양수와 음수 표현하기

- 음의 정수가 들어간 사칙연산의 규칙 찾기

- 변화 속에 들어있는 규칙을 찾고 문자로 표현하기

- 패턴으로 분배법칙 찾기

- 섭씨와 화씨의 관계를 관찰하여 관계식 만들기

- 두 개의 문자로 이루어진 식에서 등호를 만족하는 값을 다양

한 방법으로 찾고 서술하기
- 알고리듬의 역사적 배경을 이해하고 이에 따른 일차방정식
  풀이법 익히기
- 등호의 의미를 확인하고 이항에 대한 개념 이해하기
- 문자를 써서 일차방정식 풀기

주제: 유클리드 원론에 의한 방법으로 정의와 공리를 이용한
  증명
- 경험적 증명과 연역적 증명의 차이 알아보기
- 기본도형의 정의와 공준의 의미를 이해하고 익히기
- 유클리드 원론 1권의 일부 증명법 익히고 발표하기
- 피타고라스의 정리 증명하기
- 여러 사각형을 작도하고 6학년에서 했던 작도 증명하기
- 다각형에서 내각과 외각의 성질을 관찰하여 규칙을 찾고 문
  자로 정리하기
- 다각형에서 대각선의 개수를 찾고 그 규칙을 발견하여 문자
  로 정리하기

8학년

주제: 대수식(이원일차연립방정식)을 이용한 과제 해결
- 아라비아 숫자의 유럽 정착과 영향에 대해 이해하기

- 피보나치의 산반서와 피보나치 수열 알아보기
- 황금비를 측정할 수 있는 도구 만들고 이를 이용하여 인체 비례 알아보기
- 미지수 두 개가 있는 상황에서 그 값을 구하기 위한 다양한 방법 찾기
- 문장으로 서술한 것을 문자를 사용하여 표현하기
- 풀이법을 다양하게 문장으로 정리한 후 이원일차연립방정식을 만들고 만족하는 값 찾기
- 로마수나 마야 숫자 등이 가지고 있는 진법을 알고 이진법 표현법을 익히기
- 아스키 코드 사용법 익히기, 암호 만들기
- 컴퓨터와 이를 다루는 인간에 대해 생각해 보기

주제: 3차원적인 관찰, 자연물과 정다면체의 관계 그리고 오일러 공식
- 자연 속에 존재하는 정다면체의 구조 관찰하기
- 플라톤의 다섯 개 정다면체 그리기, 성질 알아보기
- 정다면체의 전개도 작도하기
- 정다면체 사이의 관계 찾기
- 케플러의 우주모형론과 정다면체 연결하고 정리하기
- 도형을 수량화하는 오일러 공식의 의미 정리하기

- 준정다면체와 축구공

- 피타고라스의 수와 입체도형의 관계 알아보기

- 각종 입체의 부피와 겉넓이를 구하는 공식 만들기

- 아르키메데스의 원뿔, 구, 원기둥 부피 정리 및 탐구하기

드니 게즈 지음, 이세욱 옮김,《머리털 자리》, 이지북, 2011.

루돌프 슈타이너 지음, 최혜경 옮김,《인간에 대한 보편적인 앎》, 밝은누리, 2007.

리처드 만키에비츠 지음, 이상원 옮김,《문명과 수학》, 경문사, 2002.

모리스 클라인 지음, 심재관 옮김,《수학의 확실성(불확실성 시대의 수학)》, 사이언스북스, 2007.

모리타 마사오 지음, 박동섭 옮김,《수학하는 신체》, 에듀니티, 2016.

박병하 지음,《수학의 감각》, 행성비, 2018.

벤 울린 지음, 김성훈 옮김,《이상한 수학책》, 북라이프, 2018.

사이먼 싱 지음, 박병철 옮김,《페르마의 마지막 정리》, 영림카디널, 1998.

셔먼 스타인 지음, 이우영 옮김,《아르키메데스》, 경문사, 2006.

슈나이더 지음, 이충호 옮김,《자연, 예술, 과학의 수학적 원형》, 경문사, 2002.

알렉스 벨로스·에드먼드 해리스 지음, 이송찬 옮김,《수학으로 만나는 세계》, 이암, 2018.

알베르트 수스만 지음, 서유경 옮김,《12감각》, 한국슈타이너협회, 2016.

우정호 지음,《수학의 학교수학의 역사-발생적 접근》, 서울대
　　　학교출판문화원, 2018.

장우석 지음,《수학 철학에 미치다》, 숨비소리, 2012.

정인경 지음,《뉴턴의 무정한 세계》, 돌베개, 2014.

조 블러 지음, 송명진, 박종하 옮김,《스탠퍼드 수학공부법》,
　　　오이즈베리, 2016.

존 블랙우드 지음, 오혜정 외 공역,《우리 주변의 수학》, 섬돌,
　　　2006.

폴 호프만 지음, 신현용 옮김,《우리 수학자 모두는 약간 미친
　　　겁니다》, 승산, 1999.

프란스 칼그렌·아르네 클링보르그 지음, 사단법인 한국슈타이
　　　너교육협회 옮김,《자유를 향한 교육》, 섬돌, 2008.

Daring D, *The Universal Book of Mathematics: From
　　　Abracadabra to Zeno's Paradoxes*, Wiley, U.S.A,
　　　2004.

Jamie York, *Making Math Meaningful A Middle School Math
　　　Curriculum for Teachers and Parents*, Whole Spirit
　　　Press, 2004.

John Blackwood, *Mathematics in Space and Time*, Floris
　　　Books, 2006.

Marshack, A, *The Roots of Civilisation; Cognitive
　　　Beginnings of Man's First Art, Symbol and Notation*,
　　　Weidenfeld & Nicolson, London, 1972.

Robert Neumann, *Topics in Mathematics for the 9th
　　　Grade*, the Lesson Plan Initiative of the Pedagogical

Research Center in Kassel, 2008.

Ron Jarman, *Teaching Mathematics in Rudolf Steiner Schools for Classes 1-8*.

Roy Wilkinson, *Teaching Mathematics*, Rudolf Steiner College Press.

The Educational Tasks and Content of the Steiner Waldorf Curriculum, Steiner Waldorf Education.

* 이 책은 푸른숲발도르프학교 교사들과 아이들이 함께 만든 공동의 작품이다. 공책 게재를 허락해 준 아이들과 부모님, 그리고 기꺼이 경험을 공유하고 자료를 제공한 동료 교사들에게 감사의 말을 전한다.